高职数学

(上册)

主　编　王亚凌
副主编　唐立新　张冬莲　柳　琦
主　审　欧阳真清

北京理工大学出版社
BEIJING INSTITUTE OF TECHNOLOGY PRESS

图书在版编目(CIP)数据

高职数学.上册/王亚凌主编.—北京:北京理工大学出版社,2017.7(2022.9重印)
ISBN 978-7-5682-4419-0

Ⅰ.①高…　Ⅱ.①王…　Ⅲ.①高等数学-高等职业教育-教材　Ⅳ.①O13

中国版本图书馆CIP数据核字(2017)第178732号

出版发行 / 北京理工大学出版社有限责任公司
社　　址 / 北京市海淀区中关村南大街5号
邮　　编 / 100081
电　　话 / (010)68914775(总编室)
(010)82562903(教材售后服务热线)
(010)68944723(其他图书服务热线)
网　　址 / http://www.bitpress.com.cn
经　　销 / 全国各地新华书店
印　　刷 / 三河市华骏印务包装有限公司
开　　本 / 787毫米×1092毫米　1/16
印　　张 / 10.5
字　　数 / 248千字
版　　次 / 2017年7月第1版　2022年9月第4次印刷
定　　价 / 35.00元

责任编辑 / 江　立
文案编辑 / 江　立
责任校对 / 周瑞红
责任印制 / 王美丽

前　言

“高职数学”是高等职业院校的重要基础课程，对培养学生的思维能力、创新精神、科学态度及分析问题的能力都起着重要的作用.为提高应用数学课的教学质量，全面提高学生解决实际问题的能力，编者本着打好基础，够用为度，服务专业，学以致用的原则，在认真总结多年教学经验的基础上，参考中外多种同类教材，编写了这本《高职数学》.

本书内容包括微积分、线性代数、概率论、积分变换四部分，在编写过程中，力求做到以下几点.

(1)在内容上，以微积分理论为核心内容，以极限理论作为重要的基础工具.注重学习的“可持续发展”，对级数理论和微分方程等延伸理论加以介绍，为学习专业课打下基础，同时也为学生进一步深造提供必要的知识准备.

(2)在结构上，在保证知识科学性、系统性与严密性的前提下，对文科、理科学生进行兼顾，对基本概念和基本理论偏重描述，力求使用通俗易懂的语言.

(3)为了使学生能巩固所学的知识，书中每章、每节均配有一定数量难易适中的习题，并附有参考答案.

本书由王亚凌主编，唐立新、张冬莲、柳琦副主编。其中，张冬莲主要编写第1、2章；唐立新主要编写第3、4章；柳琦主要编写第5、6章；王亚凌主要编写第7章；全书由王亚凌统稿、定稿。本书由欧阳真清担任主审，对全书的框架结构、内容编写等方面提供了指导意见。

由于编写时间仓促，加之水平有限，书中如有不足之处，敬请广大读者批评指正.

编　者

目　录

上　册

第一篇　微积分

第一篇
微积分

第1章 函　数

在客观世界中，有许多量不是孤立存在的，而是彼此关联、相互依赖的. 本章就是要研究和揭示客观世界中存在着的量与量之间的一种关系——函数关系. 而函数是微积分学研究的对象. 在中学里，我们已经学习过函数概念，在这里我们要从全新的视角来对它进行描述并重新分类. 本章先简要介绍函数的一般定义，然后着重讨论函数的特性、基本初等函数、复合函数、初等函数及几类常见的经济函数等.

1.1 函数的概念

1.1.1 函数的定义

在考察某种自然现象或社会现象时，往往会遇到几个变量，这些变量并不是孤立地变化的，而是存在着某种相互依赖的关系，为了说明这种关系，先看一个例子.

【例 1-1】 生产某种产品的固定成本为 7 000 元，每生产一件产品，成本增加 100 元，那么该种产品的总成本 y 与产量 x 的关系可用下面的式子给出

$$y=100x+7\ 000.$$

当产量 x 取任何一个合理的值时，成本 y 有确定的值和它对应，我们说成本 y 是产量 x 的函数.

定义 1 设 x 和 y 是两个变量，若当变量 x 在非空数集 D 内任取一数值，变量 y 依照某一规则 f 总有确定的数值与之对应，则称变量 y 为变量 x 的**函数**，记为 $y=f(x)$. 这里 x 称为**自变量**，y 称为**因变量**或函数，f 是**函数符号**，它表示 y 与 x 的对应规则，有时函数符号也可以用其他字母表示，如：$y=g(x)$，$y=\varphi(x)$等. D **为定义域**.

函数的**几何意义**：设函数 $y=f(x)$，定义域是 D，对 $\forall x\in D$，y 按照一定法则，总有确定的数值与之对应得到 $y=f(x)$，在 xOy 面上得点(x,y). 当 x 遍取 D 中一切实数，就得到点集 P，即

$$P=\{(x,y)\mid y=f(x),x\in D\}.$$

1.1.2 函数的定义域

函数的定义域通常按以下两种情形来确定：一种是对有实际背景的函数，根据实际背景中变量的实际意义确定；另一种是对抽象地用算式表达的函数，通常约定这种函数的定义域是使得算式有意义的一切实数组成的集合，这种定义域称为函数的自然定义域，通常有下面几种情况：

(1)分式的分母不能为零；

(2)偶次根式，被开方数必须为非负，指数为无理数时也认为含有开偶次方；

(3)对数式中的真数要大于零,底数为正且不为 1;

(4)三角函数、反三角函数要考虑各自的定义域;

(5)实际应用中必须考虑自变量的范围.

在求解函数定义域的过程中,还要使用本章所介绍的一些数学基本知识,且要求解不等式或不等式组.

【例 1-2】 求下列函数的定义域:

(1)$f(x)=\dfrac{3}{5x^2+2x}$;　　(2)$f(x)=\sqrt{9-x^2}$;

(3)$f(x)=\lg(4x-3)$;　　(4)$f(x)=\arcsin(2x-1)$.

解

(1)在分式$\dfrac{3}{5x^2+2x}$中,分母不能为零,所以 $5x^2+2x\neq 0$,解得 $x\neq\dfrac{-2}{5}$且 $x\neq 0$,即定义域为

$$\left(-\infty,-\frac{2}{5}\right)\cup\left(-\frac{2}{5},0\right)\cup(0,+\infty).$$

(2)在偶次根式中,被开方式必须大于等于零,所以有 $9-x^2\geqslant 0$,解得$-3\leqslant x\leqslant 3$,即定义域为$[-3,3]$.

(3)在对数式中,真数必须大于零,所以有 $4x-3>0$,解得其定义域为$\left(\dfrac{3}{4},+\infty\right)$.

(4)反正弦的式子的绝对值必须小于等于 1,所以有$-1\leqslant 2x-1\leqslant 1$,解得 $0\leqslant x\leqslant 1$,即定义域为$[0,1]$.

1.1.3　函数值

当自变量 x 在定义域内取定某确定值 x_0 时,因变量 y 按照所给函数关系 $y=f(x)$求出的对应值 y_0 叫作当 $x=x_0$ 时的**函数值**,记作$y\big|_{x=x_0}$ 或 $f(x_0)$.

函数值的全体 $Z=\{y\mid y=f(x),x\in D\}$为**函数值域**.

【例 1-3】 已知 $f(x)=\dfrac{1-x}{1+x}$,求:$f(0)$,$f\left(\dfrac{1}{2}\right)$,$f(-x)$,$f\left(\dfrac{1}{x}\right)$,$f(x+1)$,$f(x^3)$.

解

$$f(0)=\frac{1-0}{1+0}=1,f\left(\frac{1}{2}\right)=\frac{1-\frac{1}{2}}{1+\frac{1}{2}}=\frac{1}{3},f(-x)=\frac{1-(-x)}{1+(-x)}=\frac{1+x}{1-x},$$

$$f\left(\frac{1}{x}\right)=\frac{1-\frac{1}{x}}{1+\frac{1}{x}}=\frac{x-1}{x+1},f(x+1)=\frac{1-(x+1)}{1+(x+1)}=\frac{-x}{2+x},f(x^3)=\frac{1-x^3}{1+x^3}.$$

通过对函数的定义和以上各例题的分析讨论不难发现,确定一个函数,起决定作用的因素是:(1)对应法则 f;(2)定义域 D.

两个函数的对应法则 f 和定义域 D 都相同,那么这两个函数就相同;否则不相同.

【例 1-4】 下列各对函数是否相同?为什么?

(1)$f(x)=x,g(x)=\sqrt{x^2}$;

(2) $f(x)=3\ln x, g(x)=\ln x^3$.

解

(1)不相同. $f(-1)=-1, g(-1)=1$,两个函数对应法则不同,所以不相同.

(2)相同. 定义域均为 $(0,+\infty)$,对应法则也相同,所以相同.

1.1.4 函数的表示方法

函数的表示方法一般有解析法、表格法和图像法.

1. 解析法

解析法是用数学表达式来表示函数的方法,它是最常用的一种函数表示方法.

【例 1-5】 $y=3x^2$ 是一个用解析式子表示的函数.

当 x 在实数集 **R** 之间取任意值时,由公式可以确定唯一的 y 值.

分段函数:在自变量的不同变化范围中,对应法则用几个不同式子来表示的函数称为分段函数. 分段函数是由几个关系式合起来表示一个函数,而不是几个函数.

注意: 分段函数是其定义域上的一个函数,而不是多个函数.

【例 1-6】 $y=|x|=\begin{cases} x, & x\geqslant 0 \\ -x, & x<0 \end{cases}$ 的定义域为 $(-\infty,+\infty)$(见图 1-1),它就是分段函数.

2. 表格法

表格法是用表格来表示自变量与函数值的对应关系的方法.

【例 1-7】 某商店一年中各月份毛线的销售量(单位:10^2 kg)的关系如表 1-1(各月份毛线销售量)所示,这是用表格表示的函数,当自变量 x 取 1 到 12 之间的任意一个整数时,从表格中可以查到 y 的一个对应值,例如 x 取 6,从表中可以看到它对应的 y 值是 5,即 6 月份毛线销售量为 500kg.

表 1-1

月份 x	1	2	3	4	5	6	7	8	9	10	11	12
销售量 $y/10^2$ kg	81	84	45	45	9	5	6	15	94	161	144	123

3. 图像法

图像法是用坐标平面上的图形来表示函数关系的方法.

如果很难找到一个解析式准确地表示两个变量之间的关系,通常用某坐标系中的一条曲线来表示两个变量 x 与 y 之间的对应关系(见图 1-2).

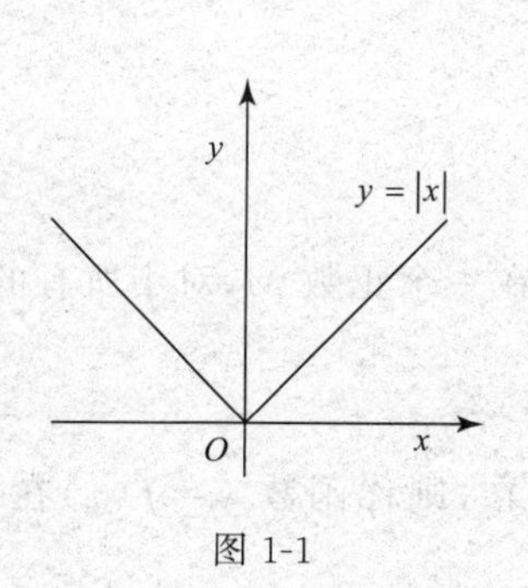

图 1-1

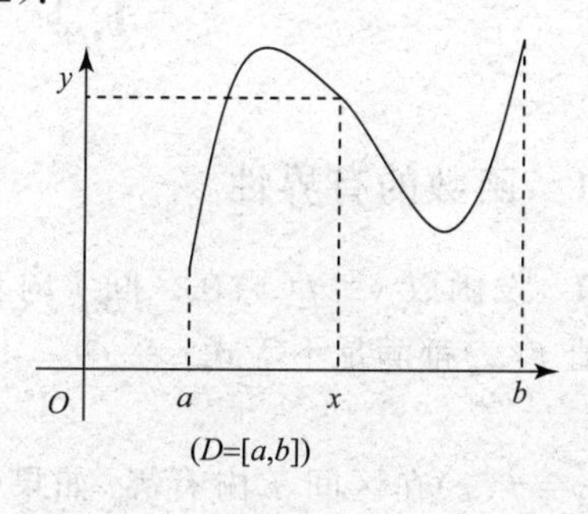

图 1-2

习题 1.1

1. 选择题

(1) 函数 $y=\dfrac{\ln(x+1)}{\sqrt{x-1}}$ 的定义域是(　　).

A. $(-1,+\infty)$　　B. $(1,+\infty)$　　C. $[-1,+\infty)$　　D. $[1,+\infty)$

(2) 函数 $f(x)=\dfrac{1}{\ln(x-1)}$ 的定义域是(　　).

A. $(1,+\infty)$　　B. $(0,1)\cup(1,+\infty)$

C. $(0,2)\cup(2,+\infty)$　　D. $(1,2)\cup(2,+\infty)$

(3) 函数 $f(x)=\dfrac{1}{x^2-x-2}$ 的定义域是(　　).

A. $(-\infty,-1)\cup(-1,2)\cup(2,+\infty)$　　B. $(-\infty,-1)\cup(-1,+\infty)$

C. $(-\infty,2)\cup(2,+\infty)$　　D. $(-\infty,+\infty)$

(4) 下列各函数对中,(　　)中的两个函数相等.

A. $f(x)=\ln x^2,g(x)=2\ln x$　　B. $f(x)=\ln x^3,g(x)=3\ln x$

C. $f(x)=(\sqrt{x})^2,g(x)=x$　　D. $f(x)=\sqrt{x^2},g(x)=x$

(5) 若函数 $f(x)=\begin{cases}\dfrac{1}{x},\ 0<x\leqslant 1\\ \ln x,1<x\leqslant \mathrm{e}\end{cases}$,则 $f(x)$ 的定义域是(　　)

A. $(0,\ 1]$　　B. $(1,\ \mathrm{e})$　　C. $(0,\mathrm{e}]$　　D. $[0,\ \mathrm{e}]$

2. 求下列函数的定义域

(1) $y=\dfrac{1}{\sqrt{x^2-9}}$;(2) $y=\log_a \arcsin x$.

3. 设函数 $f(x)=\arcsin x$,求

$f(0),f(-1),f\left(\dfrac{\sqrt{3}}{2}\right),f(2)$.

4. 下列函数是否相同,为什么?

(1) $f(x)=\dfrac{x^2-1}{x+1}$, $g(x)=x-1$;(2) $f(x)=\dfrac{x}{x}$, $g(x)=x^0$.

1.2　函数的特性

1.2.1　函数的有界性

定义 2　设函数 $y=f(x)$ 在区间 I 内有定义,如果存在一个正数 M,对于所有的 $x\in I$ 对应的函数值 $f(x)$ 都满足不等式

$$|f(x)|\leqslant M,$$

则称函数 $y=f(x)$ 在区间 I 内有界.如果这样的 M 不存在,则称函数 $y=f(x)$ 在区间 I 内无界.

函数 $y=f(x)$ 在区间 I 上有界的几何意义是:曲线 $y=f(x)$ 在区间 I 上被界定在两条平

行线 $y=M$ 和 $y=-M$ 之间.

【例 1-8】 函数 $f(x)=\sin x$，在 $(-\infty,+\infty)$ 内有界，因为对于任意的 $x\in(-\infty,+\infty)$，有 $|\sin x|\leqslant 1$，因此 $f(x)=\sin x$ 是在 $(-\infty,+\infty)$ 内的有界函数.

函数 $y=f(x)$ 的有界性与区间 I 密切相关.

自测 1 讨论函数 $f(x)=\dfrac{1}{x}$ 在区间 $(0,1)$ 和 $(1,+\infty)$ 内的有界性.

1.2.2 函数的奇偶性

定义 3 如果函数 $y=f(x)$ 的定义域 D 关于原点对称，且对于任何 $x\in D$，有

$$f(-x)=f(x)\text{（或 } f(-x)=-f(x)\text{）},$$

则称 $y=f(x)$ 为 D 上的**偶函数**（或**奇函数**）.

偶函数的图形关于 y 轴对称（如图 1-3），奇函数的图形关于原点对称（如图 1-4）.

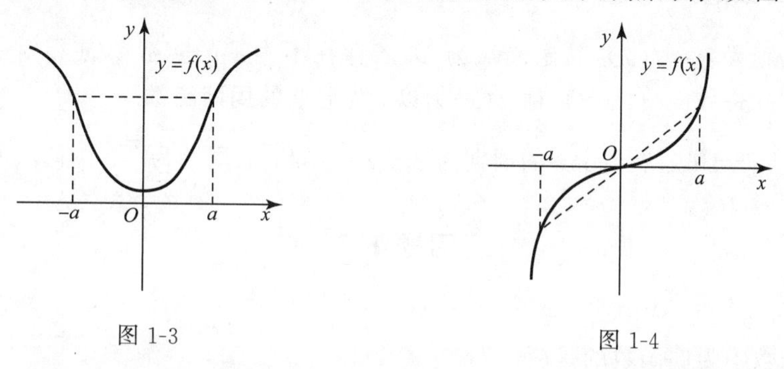

图 1-3　　图 1-4

【例 1-9】 判断下列函数的奇偶性：

(1) $f(x)=3x^4-5x^2+7$；

(2) $f(x)=2x^2+\sin x$；

(3) $f(x)=\dfrac{1}{2}(a^{-x}-a^{x})(a>0,a\neq 1)$.

解 由定义：

(1) 因为 $f(-x)=3(-x)^4-5(-x)^2+7=3x^4-5x^2+7=f(x)$，所以其为偶函数；

(2) 因为 $f(-x)=2(-x)^2+\sin(-x)=2x^2-\sin x\neq f(x)$，

同样可以得到 $f(-x)\neq -f(x)$，所以函数既非奇函数，也非偶函数；

(3) 因为 $f(-x)=\dfrac{1}{2}(a^{-(-x)}-a^{-x})=-f(x)$，所以其为奇函数.

1.2.3 函数的单调性

定义 4 设函数 $y=f(x)$，$x\in D$，区间 $I\subset D$. 对于任意的 $x_1,x_2\in I$，当 $x_1<x_2$ 时，有

$$f(x_1)<f(x_2)\text{（或 } f(x_1)>f(x_2)\text{）},$$

则称 $y=f(x)$ 为该区间 I 上的**单调递增函数**（或**单调递减函数**）. 单调递增函数与单调递减函数统称为**单调函数**.

从几何上看，单调递增的函数曲线是沿 x 轴的正向逐渐上升的（如图 1-5），而单调递减的函数曲线是沿 x 轴的正向逐渐下降的（如图 1-6）.

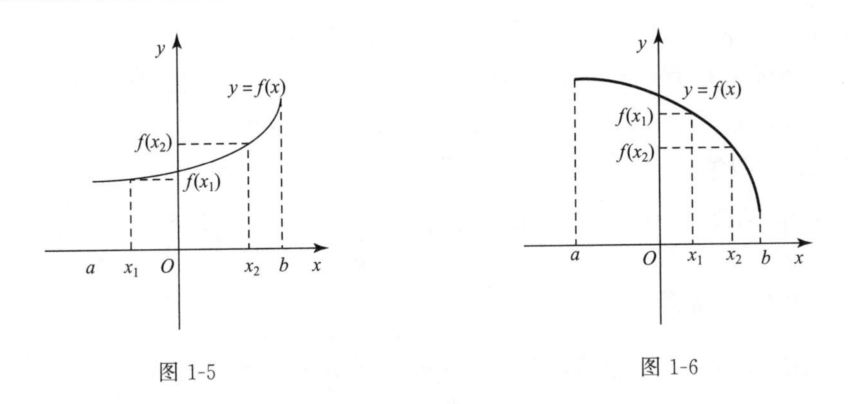

图 1-5　　图 1-6

【例 1-10】 函数 $f(x)=x^2$ 在区间$(0,+\infty)$上单调递增,在区间$(-\infty,0)$上单调递减.

1.2.4　函数的周期性

定义 5　设函数 $y=f(x)$,其定义域为 D,若存在不为零的实数 l,使得对于任意 $x\in D$, $x+l\in D$,恒有 $f(x+l)=f(x)$,则称 $f(x)$为以 l 为周期的**周期函数**.

【例 1-11】 $y=\sin x, y=\cos x$ 的周期为 2π. $y=\cos 4x$ 的周期为$\frac{\pi}{2}$.

习题 1.2

1. 选择题.

(1)下列函数中为偶函数的是(　　).

A. $y=x\sin x$　　B. $y=e^x-e^{-x}$　　C. $y=\ln\frac{x-1}{x+1}$　　D. $y=x^2-x$

(2)下列函数中,图形关于原点对称是(　　).

A. $y=\sin x^2$　　B. $y=\sqrt[3]{x}-x$　　C. $y=x^3+1$　　D. $y=e^{-x}+1$

(3)设函数 $f(x)$的定义域为$(-\infty,+\infty)$,则函数 $f(x)-f(-x)$的图形是关于(　　)对称.

A. $y=x$　　B. x 轴　　C. y 轴　　D. 坐标原点

(4)下列函数在其定义域内为无界函数的是(　　).

A. $y=\sin x$　　B. $y=\cos x$　　C. $y=\lg x$　　D. $y=\operatorname{arccot} x$

(5)下列函数在其定义域内为单调函数的是(　　).

A. $y=\sin x$　　B. $y=\cos x$　　C. $y=\lg x$　　D. $y=x^2+1$

(6)下列函数为周期函数的是(　　).

A. $y=\sin x^3$　　B. $y=x\cos x$　　C. $y=\sin 2x$　　D. $y=x^2\sin x$

2. 设 $f(x)=\ln(x+\sqrt{x^2+1})$,试证 $f(x)$是奇函数.

3. 设 $f(x)$的定义域是$(-\infty,+\infty)$,试证 $f(x)-f(-x)$是奇函数.

4. 讨论函数 $f(x)=\begin{cases}x^2, & -3\leqslant x\leqslant 0\\ -x^2, & 0<x\leqslant 2\end{cases}$ 的奇偶性、周期性、单调性和有界性.

5. 证明:当函数 $y=f(x)$以 T 为周期时,函数 $y=f(ax)(a>0)$的周期为$\frac{T}{a}$.

1.3　初等函数

1.3.1　基本初等函数

下列六类函数统称为**基本初等函数**,它们是我们在中学阶段已经熟知的,在此只作简要复习.

1. 常值函数 $y=C$

常值函数 $y=C$ 的定义域是$(-\infty,+\infty)$,图形是过点$(0,C)$且平行于 x 轴的一条直线.

2. 幂函数 $y=x^{\mu}$(μ 为任意实常数)

幂函数 $y=x^{\mu}$ 的定义域要依 μ 的具体取值来确定. 当

$$\mu=1,2,3,\frac{1}{3},\frac{1}{2},-1$$

时是最常用的幂函数(如图 1-7、图 1-8). $\mu>0$ 时,$y=x^{\mu}$ 的图形必过原点$(0,0)$和点$(1,1)$,在$(0,+\infty)$内单调递增且无界.

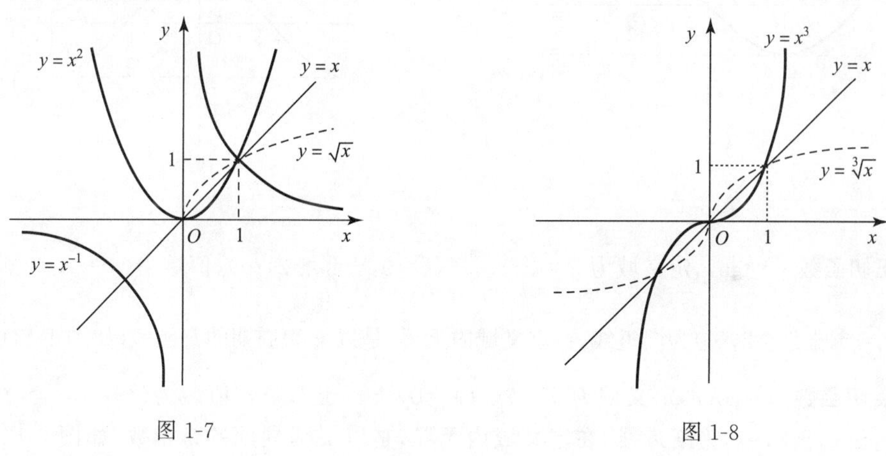

图 1-7　　　　图 1-8

3. 指数函数 $y=a^{x}(a>0,a\neq1)$

指数函数 $y=a^{x}(a>0,a\neq1)$的定义域是$(-\infty,+\infty)$,值域是$(0,+\infty)$. 其图形在 x 轴上方,并通过点$(0,1)$. 当 $a>1$ 时,函数在定义域内单调递增且无界,曲线向左无限接近 x 轴负半轴;当 $0<a<1$ 时,函数在定义域内单调递减且无界,曲线向右无限接近 x 轴正半轴(如图 1-9). 函数 $y=a^{x}$ 与 $y=a^{-x}$的图形关于 y 轴对称. 常用的是指数函数 $y=\mathrm{e}^{x}$,其中底数是无理数 $\mathrm{e}=2.718\ 281\ 828\ 459\ 045\cdots$.

4. 对数函数 $y=\log_{a}x(a>0,a\neq1)$

对数函数 $y=\log_{a}x(a>0,a\neq1)$的定义域是$(0,+\infty)$,值域是$(-\infty,+\infty)$,图形在 y 轴右方,且通过点$(1,0)$. 当 $a>1$ 时,函数在定义域内单调增加且无界,曲线向下无限接近 y 轴的负半轴;当 $0<a<1$时,函数在定义域内单调减少且无界,曲线向上无限接近 y 轴正半轴(如图 1-10).

以 e 为底的对数函数,称为**自然对数函数**,记为 $y=\ln x$.

5. 三角函数

(1)**正弦函数** $y=\sin x$,定义域为$(-\infty,+\infty)$,值域为$[-1,1]$,是以 2π 为周期的奇函数(如图 1-11).

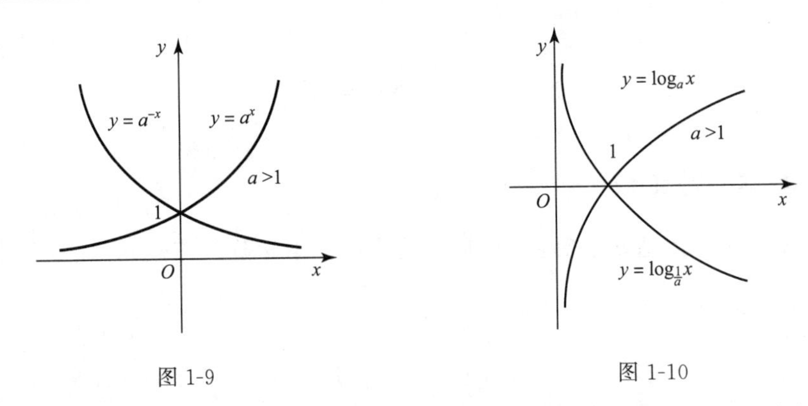

图 1-9　　图 1-10

(2)**余弦函数** $y=\cos x$，定义域为$(-\infty,+\infty)$，值域为$[-1,1]$，是以 2π 为周期的偶函数（如图 1-12）.

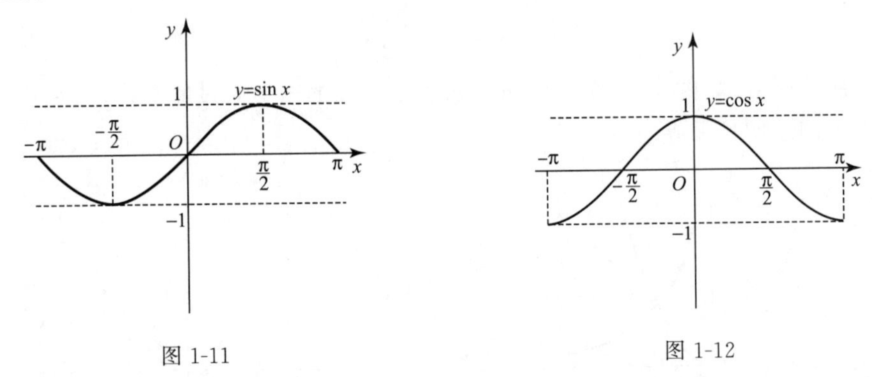

图 1-11　　图 1-12

(3)**正切函数** $y=\tan x$，定义域为 $x\neq k\pi+\frac{\pi}{2}$ $(k=0,\pm1,\pm2,\cdots)$，值域为$(-\infty,+\infty)$，以$x=k\pi+\frac{\pi}{2}$ $(k=0,\pm1,\pm2,\cdots)$为渐近线，在定义域内无界，是以 π 为周期的奇函数(如图 1-13).

(4)**余切函数** $y=\cot x$，定义域为 $x\neq k\pi$ $(k=0,\pm1,\pm2,\cdots)$，值域为$(-\infty,+\infty)$，以 $x=k\pi$ $(k=0,\pm1,\pm2,\cdots)$为渐近线，在定义域内无界，是以 π 为周期的奇函数(如图 2-14).

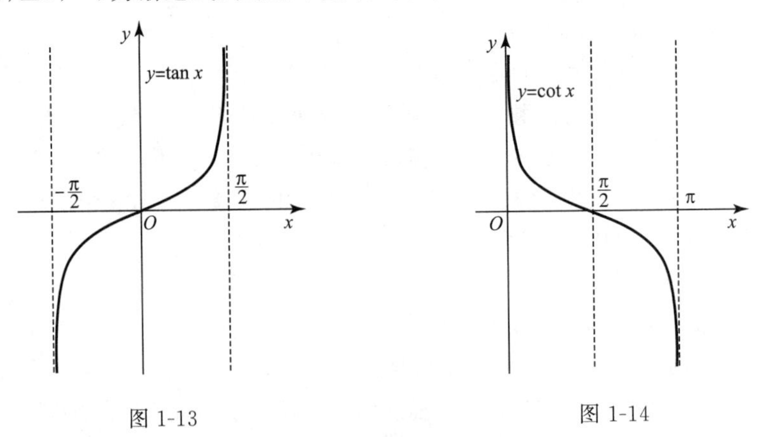

图 1-13　　图 1-14

三角函数中还包括**正割函数** $y=\sec x$ 和**余割函数** $y=\csc x$.

6. 反三角函数

(1)**反正弦函数** $y=\arcsin x$，定义域为$[-1,1]$，值域为$\left[-\frac{\pi}{2},\frac{\pi}{2}\right]$，它是奇函数，在定义域

内单调递增而且有界(如图 1-15).

(2)**反余弦函数** $y=\arccos x$,定义域为$[-1,1]$,值域为$[0,\pi]$,在定义域内单调递减,而且有界(如图 1-16).

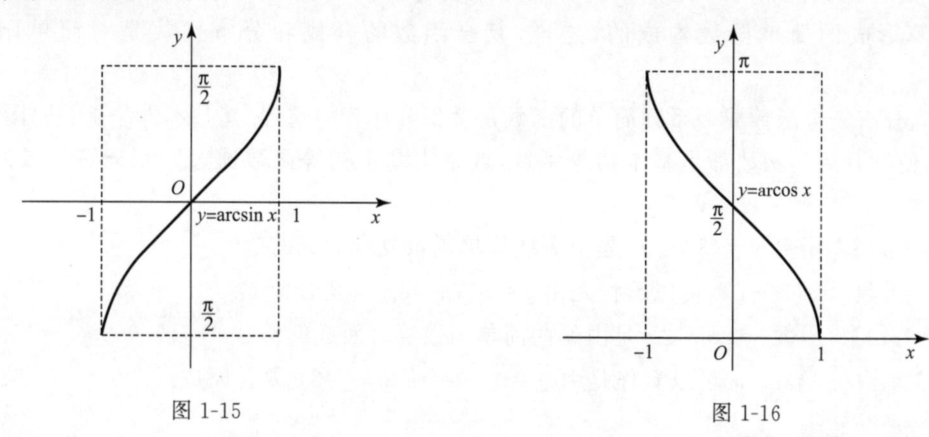

图 1-15　　图 1-16

(3)**反正切函数** $y=\arctan x$,定义域为$(-\infty,+\infty)$,值域为$\left(-\frac{\pi}{2},\frac{\pi}{2}\right)$,它是奇函数,在定义域内单调递增而且有界,有两条渐近线 $y=\pm\frac{\pi}{2}$(如图 1-17).

(4)**反余切函数** $y=\operatorname{arccot} x$,定义域为$(-\infty,+\infty)$,值域$(0,\pi)$,它在定义域内单调递减而且有界,有两条渐近线 $y=\pi$ 和 x 轴(如图 1-18).

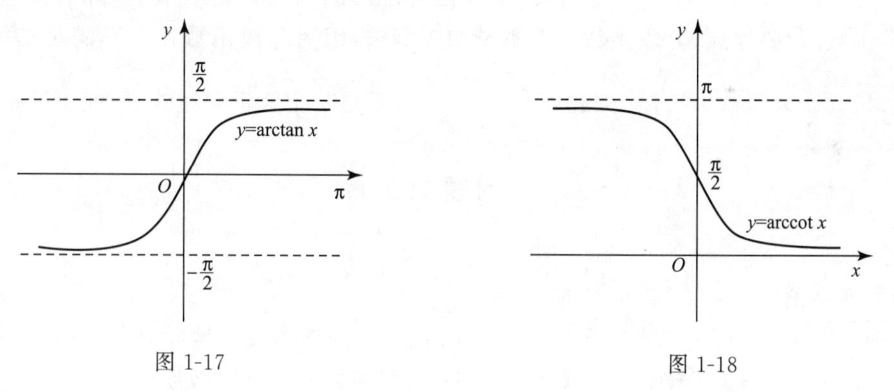

图 1-17　　图 1-18

1.3.2　复合函数

【引例】 设 $y=\sqrt{u}$,而 $u=1-x^2$,则 $y=\sqrt{1-x^2}$ 由 $y=\sqrt{u}$ 和 $u=1-x^2$ 复合而成.

定义 6 设函数 $y=f(u)$的定义域为 D_f,而函数 $u=\varphi(x)$的定义域为 D_φ,如果 $u=\varphi(x)$的值域 $Z_\varphi\subseteq D_f$,则称由 x 经过 u 到 y 的函数 $y=f[\varphi(x)]$,为由 $y=f(u)$,$u=\varphi(x)$复合而成的复合函数,u 称为中间变量.

对于复合函数,我们做下面的说明.

(1)不是任何两个函数都可以构成一个复合函数的.

例如:$y=u^2$,$u=\sin x$,可以复合成 $y=\sin^2 x$.而 $y=\arcsin u$,$u=2+x^2$ 不可以复合,$u=2+x^2$ 的值域是$\{u\mid u\geqslant 2\}$,而函数 $y=\arcsin u$ 的定义域是$\{u\mid |u|\leqslant 1\}$,因此,函数 $u=2+x^2$ 的值域不包含在函数 $y=\arcsin u$ 的定义域中.

(2)复合函数不仅可以有一个中间变量,还可以有多个中间变量,这些中间变量是经过多次复合产生的.

(3)复合函数通常不一定是由纯粹的基本初等函数复合而成,而更多的是由基本函数经过运算形成的简单函数构成的,这样,复合函数的合成和分解往往是对简单函数进行的.

准确分解复合函数成一系列简单的函数是微积分计算的基础.其基本方法是:从外往里顺序拆开,使拆开后的函数都是基本初等函数,或是由基本初等函数通过四则运算构成的简单函数.

【例 1-12】 函数 $y=(3+x)^5$ 是由哪些简单函数复合而成的?

解 函数 $y=(3+x)^5$ 可以看作是由 $y=u^5$,$u=3+x$ 复合而成.

【例 1-13】 函数 $y=\tan^3 2x$ 是由哪些简单函数复合而成的?

解 函数 $y=\tan^3 2x$ 可以看作是由 $y=u^3$,$u=\tan v$,$v=2x$ 复合而成.

1.3.3 初等函数

由基本初等函数经过有限次四则运算及复合运算,并可用一个解析式表示的函数称为**初等函数**.例如下列函数都是初等函数:

$$y=\sqrt{1-x^2}+\ln x^2,\ y=\frac{\tan x+3e^{\sqrt{x}}}{x^3}-5,\ y=\ln\cos x+\frac{x+1}{\arcsin 2x}.$$

而 $y=1+x+x^2+x^3+\cdots$ 不是初等函数(不满足有限的四则运算).本书所讨论的函数基本上都是初等函数.但要注意,分段函数一般不是初等函数,因为分段函数往往不满足初等函数是由一个解析式所表示这一条件. $f(x)=\begin{cases}1, & x>0\\ x, & x\leqslant 0\end{cases}$,不是一个解析表达式,因此不是初等函数.

习题 1.3

1. 选择题.

(1)下列结论中,( )是正确的.

A. 基本初等函数都是单调函数 B. 偶函数的图形关于坐标原点对称

C. 奇函数的图形关于坐标原点对称 D. 周期函数都是有界函数

(2)若 $f(x)=\ln 2$,则 $f(x+1)-f(x)=$( ).

A. $\ln\frac{3}{2}$ B. $\ln 2$ C. $\ln 3$ D. 0

(3)设 $f(x)=\frac{1}{x}+1$,则 $f(f(x))=$( ).

A. $\frac{x}{1+x}+1$ B. $\frac{x}{1+x}$ C. $\frac{1}{1+x}+1$ D. $\frac{1}{1+x}$

(4) 设函数 $g(x)=1+x$,$f(x)=\frac{2-x}{x-1}$,则 $f\left(g\left(\frac{1}{2}\right)\right)=$( ).

A. 0 B. 1 C. 3 D. -3

2. 下列函数是由哪些函数复合而成?

(1)$y=\sin 2x$; (2)$y=\sin^2 x$;

(3) $y=e^{-x^2}$；　　(4) $y=\dfrac{1}{\ln\ln x}$；

(5) $y=\sqrt{\cot\dfrac{x}{2}}$；　　(6) $y=2^{\arcsin\sqrt{1+x}}$.

3. 设 $f(x)$ 的定义域是 $[0,2]$，求复合函数 $y=f(\ln x)$ 的定义域.

本章小结

本章主要讲述了初等函数.

(1)理解函数的定义，理解函数符号的含义，掌握决定函数关系的两个因素(函数的定义域和对应法则)，会求函数的定义域和判断函数的值域. 掌握函数的特性.

(2)基本初等函数是指常数函数、幂函数、指数函数、对数函数、三角函数及反三角函数这六个函数.

(3)初等函数是指由基本初等函数经过有限次的四则运算及有限次复合运算并能用一个式子表示的函数.

总习题 1

1. 选择题.

(1)函数 $y=\dfrac{x}{\lg(x+1)}$ 的定义域是(　　).

A. $\{x|x-1\}$　　B. $\{x|x\neq0\}$　　C. $\{x|x>0\}$　　D. $\{x|x>-1$ 且 $x\neq0\}$

(2)下列函数中为奇函数的是(　　).

A. $y=x^2-x$　　B. $y=e^x+e^{-x}$　　C. $y=\ln\dfrac{x-1}{x+1}$　　D. $y=x\sin x$

(3)设函数 $y=f(x)$ 的定义域是 $[0,1]$，则 $y=f(x+1)$ 的定义域是(　　).

A. $[-2,-1]$　　B. $[-1,0]$　　C. $[0,1]$　　D. $[1,2]$

(4)若函数 $f(x)=\dfrac{1-x}{x}$，$g(x)=1+x$，则 $f[g(-2)]=$(　　).

A. -2　　B. -1　　C. -1.5　　D. 1.5

(5)设 $f(x)=\sin(x^2+1)$，则 $f[f(x)]=$(　　).

A. $\sin[(x^2+1)^2+1]$　　B. $\sin[\sin(x^2+1)+1]$

C. $\sin\sin(x^2+1)$　　D. $\sin[\sin^2(x^2+1)+1]$

(6)若函数 $f(x+1)=x^2$，则 $f(x)=$(　　).

A. x^2　　B. $(x-1)^2$　　C. $(x+1)^2$　　D. x^2+1

(7)下列各对函数中，(　　)中的两个函数相等.

A. $y=\dfrac{x\ln(1-x)}{x^2}$ 与 $g=\dfrac{\ln(1-x)}{x}$

B. $y=\ln x^2$ 与 $g=2\ln x$

C. $y=\sqrt{1-\sin^2x}$ 与 $g=\cos x$

D. $y=\sqrt{x(x-1)}$ 与 $y=\sqrt{x}\sqrt{(x-1)}$

(8)若函数 $y=f(x)$ 的定义域是$[0,1]$,则 $f(\ln x)$ 的定义域是(　　).

A. $(0,+\infty)$　　B. $[1,+\infty)$　　C. $[1,e]$　　D. $[0,1]$

(9)下列函数中,(　　)不是基本初等函数.

A. $y=2^{\sqrt{10}}$　　B. $y=\left(\frac{1}{2}\right)^x$

C. $y=\ln(x-1)$　　D. $y=\sqrt[3]{\frac{1}{x}}$

2. 确定下列函数的定义域:

(1) $y=\frac{2}{\sin\pi x}$;　(2) $y=\sqrt[3]{\frac{1}{x-2}}+\log_a(2x-3)$;

(3) $y=\arccos\frac{x-1}{2}+\log_a(4-x^2)$;

3. 求函数

$$y=\begin{cases}\sin\frac{1}{x}, & x\neq 0\\ 0, & x=0\end{cases}$$

的定义域和值域.

4. 下列各题中,函数 $f(x)$ 和 $g(x)$ 是否相同?

(1) $f(x)=x, g(x)=\sqrt{x^2}$; (2) $f(x)=\cos x, g(x)=1-2\sin^2\frac{x}{2}$.

5. 设 $f(x)=\sin x$,证明:

$$f(x+\Delta x)-f(x)=2\sin\frac{\Delta x}{2}\cos\left(x+\frac{\Delta x}{2}\right).$$

6. 设 $f(x)=ax^2+bx+5$ 且 $f(x+1)-f(x)=8x+3$,试确定 a,b 的值.

7. 下列函数是由哪些简单函数复合而成的?

(1) $y=\sqrt[3]{(1+x)^2+1}$;　(2) $y=3^{(x+1)^2}$;

(3) $y=\sin^2(3x+1)$;　(4) $y=\sqrt[3]{\log_a\cos^2 x}$.

8. 下列各组函数中哪些不能构成复合函数?把能构成复合函数的写成复合函数,并指出其定义域.

(1) $y=x^3, x=\sin t$;　(2) $y=a^u, u=x^2$;　(3) $y=\log_a u, u=3x^2+2$;

(4) $y=\sqrt{u}, u=\sin x-2$;　(5) $y=\sqrt{u}, u=x^3$;　(6) $y=\log_a u, u=x^2-2$.

9. 下列函数中哪些是偶函数?哪些是奇函数?哪些是既非奇函数又非偶函数?

(1) $y=x^2(1-x^2)$;　(2) $y=3x^2-x^3$;　(3) $y=\frac{1-x^2}{1+x^2}$;

(4) $y=x(x-1)(x+1)$;　(5) $y=\sin x-\cos x+1$;　(6) $y=\frac{a^x+a^{-x}}{2}$;

(7) $y=\ln\frac{1+x}{1-x}$;　(8) $y=\ln\left(x+\sqrt{x^2+1}\right)$;　(9) $y=\tan x+x$.

10. 设 $f(x)=\frac{x}{1-x}$,求 $f[f(x)]$.

11. 设 $f\left(x+\frac{1}{x}\right)=x^2+\frac{1}{x^2}$,求 $f(x)$.

12. 设 $f(x)$ 为定义在 $(-\infty,+\infty)$ 上的任意函数，证明：

(1) $F_1(x)=f(x)+f(-x)$ 为偶函数；(2) $F_2(x)=f(x)-f(-x)$ 为奇函数.

13. 证明：定义在 $(-\infty,+\infty)$ 上的任意函数可表示为一个奇函数与一个偶函数的和.

14. 下列各函数中哪些是周期函数？对于周期函数，指出其周期：

(1) $y=\cos(x-2)$；　(2) $y=\cos 4x$；　(3) $y=1+\sin \pi x$；

(4) $y=x\cos x$；　(5) $y=\sin^2 x$；　(6) $y=\sin 3x+\tan x$

15. 设 $f(x)$ 为定义在 $(-L,L)$ 上的奇函数，若 $f(x)$ 在 $(0,L)$ 上单增，证明：$f(x)$ 在 $(-L,0)$ 上也单增.

16. 当鸡蛋收购价为 4.5 元/kg 时，某收购站每月能收购 5 000kg. 若收购价提高 0.1 元/kg，则收购量可增加 400kg，求鸡蛋的线性供给函数.

17. 已知某商品的需求函数和供给函数分别为 $Q=14.5-1.5p$，$S=-7.5+4p$. 求该商品的均衡价格 p_0.

18. 已知某种产品的总成本函数为 $C=2\,000+\frac{q^2}{8}$，求当生产 200 个该产品时的总成本和平均成本.

第2章 极限与连续

极限理论是高等数学的基础,极限概念是研究变量在某一过程中的变化趋势时引出的,它是微积分学的重要基本概念之一,微积分学中的其他几个重要概念,如连续、导数、定积分等,都是利用极限表达的,并且微积分学中的很多定理也是利用极限方法推导出来的.这一章我们将介绍数列与函数极限的概念,求极限的方法及函数的连续性.

2.1 数列的极限

2.1.1 数列的定义

定义1 **数列**是按一定规律排列的一串数

$$x_1, x_2, x_3, \cdots, x_n, \cdots,$$

简记作$\{x_n\}$,数列也可看作是定义在正整数集合上的函数

$$x_n = f(n), \qquad (n=1,2,3,\cdots)$$

x_n 称为数列的**通项**或**一般项**.例如:

(1)$\frac{1}{2},\frac{1}{4},\frac{1}{8},\cdots,\frac{1}{2^n},\cdots$,通项公式为 $x_n=\frac{1}{2^n}$;

(2)$1,-1,1,-1,\cdots$,通项公式为 $x_n=(-1)^{n+1}$.

给定一个数列$\{x_n\}$,当项数 n 无限增大时,通项 x_n 的变化趋势是什么?在此先对几个数列的变化趋势进行分析,再引出数列极限的概念.

2.1.2 数列极限的定义

【例2-1】 数列$1,\frac{1}{2},\frac{1}{3},\frac{1}{4},\cdots,\frac{1}{n},\cdots$的通项为 $x_n=\frac{1}{n}$.当 n 无限增大时,$\frac{1}{n}$会随之越变越小,无限地趋近于0.

【例2-2】 数列$\frac{1}{2},\frac{2}{3},\frac{3}{4},\cdots,\frac{n}{n+1},\cdots$的通项为 $x_n=\frac{n}{n+1}$.当 n 无限增大时,通项 x_n 无限地趋近于1.

【例2-3】 数列$1,-1,1,-1,\cdots$的通项为 $x_n=(-1)^{n+1}$.当 n 无限增大时,通项 x_n 总在1和-1两个数值上跳跃,永远不会趋于一个固定的数.

【例2-4】 数列$1,\sqrt{2},\sqrt{3},\sqrt{4},\sqrt{5},\cdots,\sqrt{n},\cdots$的通项为 $x_n=\sqrt{n}$.当 n 无限增大时,通项 x_n 将随着 n 的增大而增大至任意的大.

观察上述四个例子可以看到,当 n 无限增大时,通项 x_n 的变化趋势有两种情形:无限接近于某个固定的常数或不接近任何固定的常数,这样就有数列极限的定义.

定义2 给定一个数列$\{x_n\}$,如果当 n 无限增大时,x_n 无限地趋于某个固定的常数 A,则

称当 $n\to\infty$ 时,数列 $\{x_n\}$ 以 A 为极限.记作

$$\lim_{n\to\infty}x_n=A \qquad \text{或 } x_n\to A(n\to\infty),$$

这时也称数列 $\{x_n\}$ **收敛**.否则,如果当 $n\to\infty$ 时,x_n 不能趋于任何固定的常数 A,则称当 $n\to\infty$ 时,数列 $\{x_n\}$ **发散**.

由定义 2 知,例 1 中的数列 $\left\{\frac{1}{n}\right\}$ 是收敛的,且 $\lim\limits_{n\to\infty}\frac{1}{n}=0$;例 2 中的数列 $\left\{\frac{n}{n+1}\right\}$ 也是收敛的,且 $\lim\limits_{n\to\infty}\frac{n}{n+1}=1$;而例 3 和例 4 中数列 $\{(-1)^{n+1}\}$,$\{\sqrt{n}\}$ 都是发散的.

2.1.3　数列极限的性质

性质 1　如果数列 $\{x_n\}$ 收敛,则数列 $\{x_n\}$ 的极限是唯一的.

性质 1 给出了收敛数列极限是唯一的结论.利用这个结论,可以判断某些数列没有极限.例如数列 $\{(-1)^{n+1}\}$,一般项 $x_n=(-1)^{n+1}$,由收敛数列极限的唯一性可以判定该数列一定发散.

性质 2　如果数列 $\{x_n\}$ 收敛,则数列 $\{x_n\}$ 一定有界(即存在正数 M,对于一切的 x_n 都满足 $|x_n|\leqslant M$).

由性质 2 可知,如果数列 $\{x_n\}$ 无界,那么数列 $\{x_n\}$ 一定发散.但是如果数列 $\{x_n\}$ 有界,不能断定数列 $\{x_n\}$ 收敛.例如数列 $\{(-1)^{n+1}\}$ 是有界的,但发散.这就是说,数列有界是数列收敛的必要条件,而不是充分条件.

习题 2.1

1. 选择题.

(1)下列数列收敛的是(　　)

A. $5,5,\cdots,5,\cdots$

B. $1,\sqrt{2},\sqrt{3},\sqrt{4},\sqrt{5},\cdots,\sqrt{n},\cdots$

C. $\frac{1}{3},-\frac{3}{5},\frac{5}{7},-\frac{7}{9},\cdots,(-1)^{n-1}\frac{2n-1}{2n+1}$

D. $-\frac{1}{2},\frac{2}{3},-\frac{3}{4},\frac{4}{5},\cdots,(-1)^{n}\frac{n}{n+1}$

(2)下列数列收敛于 0 的是(　　)

A. $x_n=\begin{cases}0, & n\text{ 为奇数}\\ \frac{1}{2^n}, & n\text{ 为偶数}\end{cases}$

B. $\left\{\frac{n}{n+1}\right\}$

C. $-2,\frac{3}{2},-\frac{4}{3},\frac{5}{4},-\frac{6}{5},\frac{7}{6},\cdots,(-1)^{n}\frac{n+1}{n}$

D. $\frac{1}{3},-\frac{3}{5},\frac{5}{7},-\frac{7}{9},\cdots,(-1)^{n-1}\frac{2n-1}{2n+1}$

(3)如数列 $\{x_n\}$ 与数列 $\{y_n\}$ 的极限分别为 a 与 b 且 $a\neq b$,则数列 $x_1,y_1,x_2,y_2,x_3,y_3,\cdots$ 的极限为(　　)

A. a　　B. b　　C. $a+b$　　D. 不存在

2. 当 $n\to\infty$ 时,下列数列有无极限,若有极限,极限为多少?

(1)$x_n=2^n$;　　(2)$x_n=25$;

(3) $x_n=\frac{1}{3^n}$；　　(4) $x_n=1+(-1)^n$.

2.2　函数的极限

2.2.1　$x\to\infty$ 时函数的极限

当 $|x|$ 无限增大时，函数 $f(x)=\frac{1}{x^2}$ 无限接近于常数 0. 这时，我们就称当 $x\to\infty$ 时，函数 $\frac{1}{x^2}$ 以 0 为极限. 一般地，我们有如下定义.

定义 3　如果当自变量 $x>0$ 且无限增大时，函数 $f(x)$ 无限趋近于一个常数 A，则称**当 $x\to+\infty$ 时，函数 $f(x)$ 以 A 为极限**，记为

$$\lim_{x\to+\infty}f(x)=A \quad 或 \quad f(x)\to A(x\to+\infty).$$

数列 $\{x_n\}$ 可看作自变量取正整数值的函数 $x_n=f(n)$，因此数列极限 $\lim\limits_{n\to\infty}x_n=A$ 可写成 $\lim\limits_{n\to\infty}f(n)=A$. 这时 A 就看作自变量取正整数值的函数 $f(n)$ 当 $n\to\infty$ 时的极限.

定义 4　如果当自变量 $x<0$ 且 $|x|$ 无限增大时，函数 $f(x)$ 无限趋近于一个常数 A，则称**当 $x\to-\infty$ 时，函数 $f(x)$ 以 A 为极限**，记为

$$\lim_{x\to-\infty}f(x)=A \quad 或 \quad f(x)\to A(x\to-\infty).$$

定义 5　如果当自变量 x 的绝对值 $|x|$ 无限增大时，函数 $f(x)$ 无限趋近于一个常数 A，则称**当 $x\to\infty$ 时，函数 $f(x)$ 以 A 为极限**，记为

$$\lim_{x\to\infty}f(x)=A \quad 或 \quad f(x)\to A(x\to\infty).$$

显然，$\lim\limits_{x\to\infty}f(x)=A$ 的充要条件是：$\lim\limits_{x\to+\infty}f(x)=A$ 且 $\lim\limits_{x\to-\infty}f(x)=A$.

例如：

(1) $\lim\limits_{x\to\infty}\frac{1}{x^2}=0$；(2) $\lim\limits_{x\to\infty}\left(1+\frac{1}{x}\right)=1$；(3) $\lim\limits_{x\to\infty}C=C$.

2.2.2　$x\to x_0$ 时函数的极限

定义 6　设 δ 是一正数，则称开区间 $(x_0-\delta,x_0+\delta)$ 为**点 x_0 的 δ 邻域**，记作 $U(x_0,\delta)$. 如图 2-1 所示，即

$$U(x_0,\delta)=\{x\mid x_0-\delta<x<x_0+\delta\}=\{x\,\big|\,|x-x_0|<\delta\},$$

其中点 x_0 称为邻域的**中心**，δ 称为邻域的**半径**.

去心邻域 $\mathring{U}(x_0,\delta)$，是指：$\mathring{U}(x_0,\delta)=\{x\,\big|\,0<|x-x_0|<\delta\}$. 如图 2-2.

图 2-1　　　　图 2-2

开区间 $(x_0-\delta,x_0+\delta)$ 称为**点 x_0 的 δ 邻域**，开区间 $(x_0-\delta,x_0)$ 称为**点 x_0 的左邻域**，而开区间 $(x_0,x_0+\delta)$ 称为**点 x_0 的右邻域**.

【例 2-5】　考察函数 $f(x)=\dfrac{x^2-1}{x-1}$ 当 x 分别从左边和右边趋于 1 时的变化情况，参看表 2-1.

表 2-1　$f(x)$ 当 $x\to 1$ 时的变化情况

x	0.5	0.9	0.99	0.999	0.999 9	1.000 1	1.001	1.01	1.1	1.5
y	1.5	1.9	1.99	1.999	1.999 9	2.000 1	2.001	2.01	2.1	2.5

不难看出，$f(x)$无限地趋于常数 2. 我们称当 $x\to 1$ 时，$f(x)$的极限是 2.

【例 2-6】　考察函数 $f(x)=x^2-1$ 的图形，如图 2-3，当 x 从点 $x=0$ 左右近旁无限接近于 0 时，函数的函数值无限接近于-1. 这时，称当 $x\to 0$ 时，函数 $f(x)$的极限是-1.

【例 2-7】　讨论函数 $f(x)=\dfrac{x^2-4}{x-2}$ 当 $x\to 2$ 时有无极限. 如图 2-4，当 $x=2$ 时，函数 $f(x)=\dfrac{x^2-4}{x-2}$ 无意义，即 $x=2$ 不在 $f(x)$的定义域内，但当 $x\to 2$ 时，$\dfrac{x^2-4}{x-2}$，即 $x+2$，无限趋近于常数 4，故有 $\lim\limits_{x\to 2}\dfrac{x^2-4}{x-2}=4$.

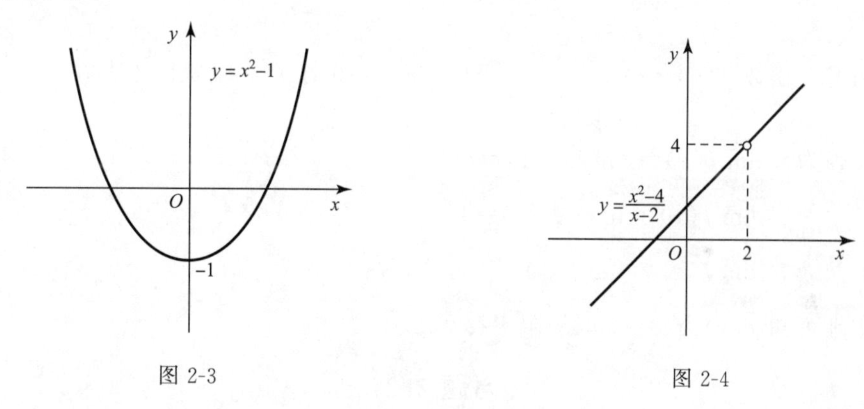

图 2-3　　　　图 2-4

定义 7　设函数 $y=f(x)$在点 x_0 左侧的某个邻域（点 x_0 本身可以除外）内有定义，如果当 $x<x_0$ 趋于 x_0 时，函数 $f(x)$趋于一个常数 A，则称**当 x 趋于 x_0 时，$f(x)$的左极限为 A.** 记作

$$\lim_{x\to x_0^-} f(x)=A \text{ 或 } f(x)\to A(x\to x_0^-).$$

定义 8　设函数 $y=f(x)$在点 x_0 右侧的某个邻域（点 x_0 本身可以除外）内有定义，如果当 $x>x_0$ 趋于 x_0 时，函数 $f(x)$趋于一个常数 A，则称**当 x 趋于 x_0 时，$f(x)$的右极限为 A.** 记作

$$\lim_{x\to x_0^+} f(x)=A \text{ 或 } f(x)\to A(x\to x_0^+).$$

定义 9　设函数 $y=f(x)$在点 x_0 的某个邻域（点 x_0 本身可以除外）内有定义，如果当 x 趋于 x_0（但 $x\neq x_0$）时，函数 $f(x)$趋于一个常数 A，则称**当 x 趋于 x_0 时，$f(x)$以 A 为极限.** 记作

$$\lim_{x\to x_0} f(x)=A \text{ 或 } f(x)\to A(x\to x_0).$$

定理 1　当 $x\to x_0$ 时，$f(x)$以 A 为极限的充分必要条件是 $f(x)$在点 x_0 处左、右极限存在且都等于 A. 即

$$\lim_{x\to x_0} f(x)=A \Leftrightarrow \lim_{x\to x_0^-} f(x)=\lim_{x\to x_0^+} f(x)=A.$$

【例 2-8】 根据极限的定义说明：

(1) $\lim\limits_{x\to x_0} x=x_0$；

(2) $\lim\limits_{x\to x_0} c=c$.

解

(1)当自变量 x 趋于 x_0 时，作为函数的 x 也趋于 x_0，于是根据定义有 $\lim\limits_{x\to x_0} x=x_0$；

(2)无论自变量取何值，函数都取相同的值 c，所以 $\lim\limits_{x\to x_0} c=c$.

【例 2-9】 设 $f(x)=\begin{cases} x+2, & x\geqslant 1 \\ 3x, & x<1 \end{cases}$ 试判断 $\lim\limits_{x\to 1} f(x)$ 是否存在？

解 先分别求 $f(x)$ 当 $x\to 1$ 时的

左极限 $\lim\limits_{x\to 1^-} f(x)=\lim\limits_{x\to 1^-} 3x=3$，

右极限 $\lim\limits_{x\to 1^+} f(x)=\lim\limits_{x\to 1^+} (x+2)=3$.

所以 $\lim\limits_{x\to 1} f(x)$ 的极限存在，且 $\lim\limits_{x\to 1} f(x)=3$.

【例 2-10】 函数 $f(x)=\begin{cases} x-1, & x<0 \\ 0, & x=0 \\ x+1, & x>0 \end{cases}$ 证明：当 $x\to 0$ 时 $f(x)$ 的极限不存在.

证明 因为 $\lim\limits_{x\to 0^-} f(x)=\lim\limits_{x\to 0^-} (x-1)=-1$，

$\lim\limits_{x\to 0^+} f(x)=\lim\limits_{x\to 0^+} (x+1)=1$，

$\lim\limits_{x\to 0^-} f(x)\neq \lim\limits_{x\to 0^+} f(x)$.

根据定理可知 $f(x)$ 当 $x\to 0$ 时极限不存在.

习题 2.2

1. 选择题.

(1)函数 $f(x)=\dfrac{x^2-4}{x-2}$ 在 $x=2$ 点(　　).

A. 有定义　　B. 有极限　　C. 没有极限　　D. 既无定义又无极限

(2)函数 $y=f(x)$ 在 $x=x_0$ 处有定义，是 $x\to x_0$ 时 $y=f(x)$ 有极限的(　　).

A. 必要条件　　B. 充分条件　　C. 充要条件　　D. 无关条件

(3)设 $f(x)=\begin{cases} x-2, & x<0, \\ 0, & x=0, \\ x+3, & x>0, \end{cases}$ 则 $\lim\limits_{x\to 0^+} f(x)=$(　　).

A. 2　　B. -2　　C. 5　　D. 3

2. 根据函数的图形求下列极限.

(1) $\lim\limits_{x\to\infty} \dfrac{1}{1-x}$；　　(2) $\lim\limits_{x\to-\infty} 2^x$；

(3) $\lim\limits_{x\to 1} \dfrac{x^2-1}{x-1}$；　　(4) $\lim\limits_{x\to 0} \arcsin x$.

3. 设 $f(x)=\begin{cases}-x^2, & x<0,\\ x, & x\geqslant 0,\end{cases}$ 画出 $f(x)$ 的图形，求 $\lim\limits_{x\to 0^-}f(x)$ 及 $\lim\limits_{x\to 0^+}f(x)$，并讨论 $\lim\limits_{x\to 0}f(x)$ 是否存在.

2.3　极限的运算法则

2.3.1　极限的四则运算

利用极限的定义只能计算一些很简单的函数的极限，而实际问题中的函数要复杂得多. 本节将介绍极限的四则运算法则.

定理 2　设 $\lim f(x)=A$，$\lim g(x)=B$，则有

(1) $\lim[f(x)\pm g(x)]=\lim f(x)\pm\lim g(x)=A\pm B$；

(2) $\lim[f(x)\cdot g(x)]=[\lim f(x)]\cdot[\lim g(x)]=A\cdot B$；

(3) $\lim\dfrac{f(x)}{g(x)}=\dfrac{\lim f(x)}{\lim g(x)}=\dfrac{A}{B}\ (B\neq 0)$.

推论 1　如果 $\lim f(x)$ 存在，而 c 为常数，则

$$\lim[cf(x)]=c\lim f(x).$$

推论 2　如果 $\lim f(x)$ 存在，而 n 是正整数，则

$$\lim[f(x)]^n=[\lim f(x)]^n.$$

【例 2-11】　求 $\lim\limits_{x\to 1}(2x-1)$.

解　$\lim\limits_{x\to 1}(2x-1)=\lim\limits_{x\to 1}2x-\lim\limits_{x\to 1}1=2\lim\limits_{x\to 1}x-1=2\cdot 1-1=1$.

【例 2-12】　求 $\lim\limits_{x\to 1}(x^2+3x-5)$.

解

$$\begin{aligned}&\lim_{x\to 1}(x^2+3x-5)\\&=\lim_{x\to 1}(x^2)+\lim_{x\to 1}(3x)+\lim_{x\to 1}(-5)\\&=(\lim_{x\to 1}x)^2+3\lim_{x\to 1}x+\lim_{x\to 1}(-5)=-1.\end{aligned}$$

一般地，若 $P(x)=a_0x^n+a_1x^{n-1}+\cdots+a_{n-1}x+a_n$，则 $\lim\limits_{x\to x_0}P(x)=P(x_0)$.

【例 2-13】　求 $\lim\limits_{x\to 2}\dfrac{x^3-1}{x^2-5x+3}$.

解　因为 $\lim\limits_{x\to 2}(x^2-5x+3)=-3\neq 0$，

所以 $$\lim_{x\to 2}\frac{x^3-1}{x^2-5x+3}=\frac{\lim\limits_{x\to 2}(x^3-1)}{\lim\limits_{x\to 2}(x^2-5x+3)}=\frac{2^3-1}{2^2-10+3}=-\frac{7}{3}.$$

【例 2-14】　求 $\lim\limits_{x\to 3}\dfrac{x-3}{x^2-9}$.

解　由于分子和分母的极限都为零，故不能使用定理 2 中的极限运算法则. 但分子和分母有公共的非零因子 $(x-3)$，可先消去再求极限.

$$\lim_{x\to 3}\frac{x-3}{x^2-9}=\lim_{x\to 3}\frac{x-3}{(x-3)(x+3)}=\lim_{x\to 3}\frac{1}{x+3}=\frac{\lim\limits_{x\to 3}1}{\lim\limits_{x\to 3}(x+3)}=\frac{1}{6}.$$

【例 2-15】　求 $\lim\limits_{x\to -1}\dfrac{x^3+2x+3}{x^2+3x+1}$.

解 因为

$$\lim_{x\to -1}(x^2+3x+1)=-1,\lim_{x\to -1}(x^3+2x+3)=0,$$

所以

$$\lim_{x\to -1}\frac{x^3+2x+3}{x^2+3x+1}=0.$$

【例 2-16】 求 $\lim\limits_{x\to -1}\dfrac{x^2+3x+1}{x^3+2x+3}$.

解 因为 $\lim\limits_{x\to -1}(x^3+2x+3)=0$,故不能使用定理 2 中的极限运算法则. 但是

$$\lim_{x\to -1}(x^2+3x+1)=-1,$$

所以

$$\lim_{x\to -1}\frac{x^2+3x+1}{x^3+2x+3}=\infty.$$

【例 2-17】 求 $\lim\limits_{x\to 0}\dfrac{x^2}{1-\sqrt{1+x^2}}$.

解 因为 $\lim\limits_{x\to 0}x^2=0$, $\lim\limits_{x\to 0}(1-\sqrt{1+x^2})=0$,分子分母极限均为零,因此先将分母有理化,约去关于 x 的公因子,即

$$\lim_{x\to 0}\frac{x^2}{1-\sqrt{1+x^2}}=\lim_{x\to 0}\frac{x^2(1+\sqrt{1+x^2})}{(1-\sqrt{1+x^2})(1+\sqrt{1+x^2})}=-\lim_{x\to 0}(1+\sqrt{1+x^2})=-2.$$

【例 2-18】 求 $\lim\limits_{x\to 1}\left(\dfrac{3}{1-x^3}-\dfrac{1}{1-x}\right)$.

解 因为 $\lim\limits_{x\to 1}\dfrac{3}{1-x^3}=\infty$, $\lim\limits_{x\to 1}\dfrac{1}{1-x}=\infty$,因此不能直接用求和的极限法则,这时先通分变形.

$$\lim_{x\to 1}\left(\frac{3}{1-x^3}-\frac{1}{1-x}\right)=\lim_{x\to 1}\frac{3-(1+x+x^2)}{1-x^3}=\lim_{x\to 1}\frac{(1-x)(2+x)}{(1+x+x^2)(1-x)}=\lim_{x\to 1}\frac{2+x}{1+x+x^2}=1.$$

下面我们介绍 $x\to\infty$ 时有理分式的极限. 对 $x\to\infty$ 时 $\dfrac{\infty}{\infty}$ 的极限,可以分子、分母中 x 的最高次幂除之,然后再求极限.

【例 2-19】 求 $\lim\limits_{x\to\infty}\dfrac{2x^2-x+3}{x^2+2x+2}$.

解 先用 x^2 去除分子及分母,然后取极限:

$$\lim_{x\to\infty}\frac{2x^2-x+3}{x^2+2x+2}=\lim_{x\to\infty}\frac{2-\dfrac{1}{x}+\dfrac{3}{x^2}}{1+\dfrac{2}{x}+\dfrac{2}{x^2}}=2.$$

【例 2-20】 求 $\lim\limits_{x\to\infty}\dfrac{3x^2-2x-1}{2x^3-x^2+5}$.

解 先用 x^3 去除分子及分母,然后取极限:

$$\lim_{x\to\infty}\frac{3x^2-2x-1}{2x^3-x^2+5}=\lim_{x\to\infty}\frac{\dfrac{3}{x}-\dfrac{2}{x^2}-\dfrac{1}{x^3}}{2-\dfrac{1}{x}+\dfrac{5}{x^3}}=\frac{0}{2}=0\ .$$

【例 2-21】 求 $\lim\limits_{x\to\infty}\dfrac{x^3-2x+3}{2x^2-1}$.

解　先用 x^3 去除分子及分母,然后取极限:

$$\lim_{x\to\infty}\frac{2x^2-1}{x^3-2x+3}=\lim_{x\to\infty}\frac{\frac{2}{x}-\frac{1}{x^3}}{1-\frac{2}{x^2}+\frac{3}{x^3}}=\frac{0}{1}=0.$$

$$\therefore\lim_{x\to\infty}\frac{x^3-2x+3}{2x^2-1}=\infty$$

一般地,当 $x\to\infty$ 时有理分式($a_0\neq0,b_0\neq0$)的极限有以下结果:

$$\lim_{x\to\infty}\frac{a_0x^n+a_1x^{n-1}+\cdots+a_n}{b_0x^m+b_1x^{m-1}+\cdots+b_m}=\begin{cases}\infty, & 当\ m<n\ ,\\ \frac{a_0}{b_0}, & 当\ m=n\ ,\\ 0, & 当\ m>n\ .\end{cases}$$

【例 2-22】　求下列极限:

(1) $\lim\limits_{x\to\infty}\frac{4x^2+5x-3}{2x^3+8}$;(2) $\lim\limits_{x\to\infty}\frac{3x^4-2x^2-7}{5x^2+3}$;

(3) $\lim\limits_{x\to\infty}\frac{(x-3)(2x^2+1)}{2-7x^3}$.

解　(1)因为分母的最高次幂大于分子的最高次幂,即 $m>n$,所以

$$\lim_{x\to\infty}\frac{4x^2+5x-3}{2x^3+8}=0;$$

(2)因为分子的最高次幂大于分母的最高次幂,即 $n>m$,所以

$$\lim_{x\to\infty}\frac{3x^4-2x^2-7}{5x^2+3}=\infty;$$

(3)因为分子的最高次幂等于分母的最高次幂,即 $m=n$,所以

$$\lim_{x\to\infty}\frac{(x-3)(2x^2+1)}{2-7x^3}=-\frac{2}{7}.$$

习题 2.3

1. 选择题

(1)极限 $\lim\limits_{x\to0}\frac{\sqrt{1+x}-1}{x}=$(　　).

A. 0　　B. 1　　C. ∞　　D. $\frac{1}{2}$

(2)极限 $\lim\limits_{x\to\infty}\frac{4x^3-x+2}{5x^3+x^2+x}=$(　　).

A. 2　　B. 1　　C. ∞　　D. $\frac{4}{5}$

(3)极限 $\lim\limits_{x\to+\infty}\frac{2^x-1}{3^x+1}=$(　　).

A. 0　　B. 1　　C. ∞　　D. $\frac{2}{3}$

(4)极限 $\lim\limits_{n\to\infty}\left(1+\frac{1}{3}+\frac{1}{3^2}+\frac{1}{3^3}+\cdots+\frac{1}{3^n}\right)=$(　　).

A. $\frac{3}{2}$　　B. 1　　C. ∞　　D. $\frac{2}{3}$

2. 求下列极限：

(1) $\lim\limits_{x\to 2}(x^2-2x+3)$；

(2) $\lim\limits_{x\to 1}\dfrac{x^2-1}{x+1}$；

(3) $\lim\limits_{x\to 1}\left(1-\dfrac{x^2-1}{x-1}\right)$；

(4) $\lim\limits_{x\to 1}\dfrac{x^3-1}{x^2-1}$；

(5) $\lim\limits_{x\to -1}\dfrac{x+1}{x^2-x-2}$；

(6) $\lim\limits_{x\to 1}\dfrac{x^3-1}{x^3+2x^2+2x+1}$

(7) $\lim\limits_{x\to \infty}\left(2-\dfrac{1}{x}+\dfrac{1}{x^2}\right)$；

(8) $\lim\limits_{x\to \infty}\dfrac{2x^2+1}{3x^2+x-2}$；

(9) $\lim\limits_{x\to 1}\left(\dfrac{1}{x-1}-\dfrac{2}{x^2-1}\right)$；

(10) $\lim\limits_{x\to \infty}\left(\dfrac{x^3}{2x^2-1}-\dfrac{x^2}{2x+1}\right)$.

2.4 两个重要极限

2.4.1 极限存在准则

为了推导两个重要极限，我们先介绍两个判定极限存在的准则.

准则Ⅰ

如果函数 $f(x)$，$g(x)$ 及 $h(x)$ 满足下列条件:

(1) $g(x)\leqslant f(x)\leqslant h(x)$；

(2) $\lim g(x)=\lim h(x)=A$；

那么 $\lim f(x)$ 存在，且 $\lim f(x)=A$.

准则Ⅱ 单调有界数列必有极限.

2.4.2 两个重要极限

1. $\lim\limits_{x\to 0}\dfrac{\sin x}{x}=1$.

证明 先证 $\lim\limits_{x\to 0^+}\dfrac{\sin x}{x}=1$.

由于 $x\to 0^+$，不妨设 $0<x<\dfrac{\pi}{2}$. 作单位圆并设圆心角 $\angle AOB=x$（见图 2-5）.

则

$$S_{\triangle AOB}<S_{\text{扇形}AOB}<S_{\triangle AOD},$$

所以

$$\frac{1}{2}\sin x<\frac{1}{2}x<\frac{1}{2}\tan x,\text{即 }\sin x<x<\tan x .$$

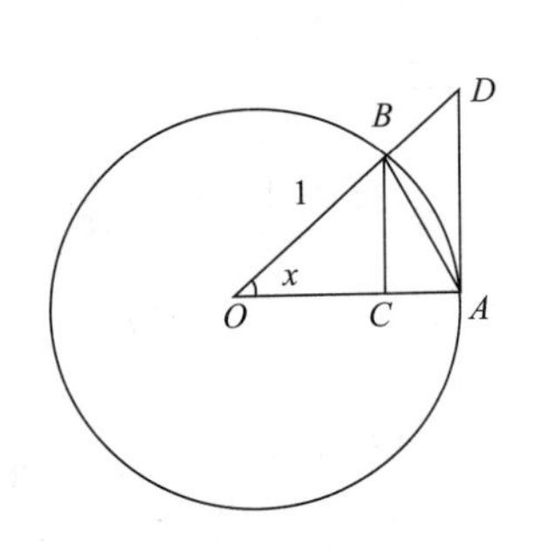

图 2-5

不等号两边都除以 $\sin x$，就有

$$1<\frac{x}{\sin x}<\frac{1}{\cos x},$$

取它们的倒数得

$$\cos x<\frac{\sin x}{x}<1 .$$

所以 $\lim\limits_{x\to 0^+}\cos x=1$,所以 $\lim\limits_{x\to 0^+}\frac{\sin x}{x}=1$.

因为$\frac{\sin x}{x}$是偶函数,所以 $x\to 0^-$ 时,有 $\lim\limits_{x\to 0^-}\frac{\sin x}{x}=1$.

即

$$\lim_{x\to 0}\frac{\sin x}{x}=1.$$

【例 2-23】 求$\lim\limits_{x\to 0}\frac{\tan x}{x}$.

解 $\lim\limits_{x\to 0}\frac{\tan x}{x}=\lim\limits_{x\to 0}\frac{\sin x}{x}\cdot\frac{1}{\cos x}=\lim\limits_{x\to 0}\frac{\sin x}{x}\cdot\lim\limits_{x\to 0}\frac{1}{\cos x}=1$.

【例 2-24】 求$\lim\limits_{x\to 0}\frac{\sin 7x}{x}$.

解 $\lim\limits_{x\to 0}\frac{\sin 7x}{x}=7\lim\limits_{x\to 0}\frac{\sin 7x}{7x}=7$.

【例 2-25】 求$\lim\limits_{x\to 0}\frac{1-\cos x}{x^2}$.

解 $\lim\limits_{x\to 0}\frac{1-\cos x}{x^2}=\lim\limits_{x\to 0}\frac{2\sin^2\frac{x}{2}}{x^2}=\frac{1}{2}\lim\limits_{x\to 0}\frac{\sin^2\frac{x}{2}}{(\frac{x}{2})^2}$

$$=\frac{1}{2}\lim_{x\to 0}\left(\frac{\sin\frac{x}{2}}{\frac{x}{2}}\right)^2=\frac{1}{2}\cdot 1^2=\frac{1}{2}.$$

2. $\lim\limits_{x\to+\infty}\left(1+\frac{1}{x}\right)^x=\mathrm{e}$.

这个重要极限可以利用法则Ⅱ来证明,为了帮助大家理解,下面给出一个直观的介绍.当 $x\to\infty$时,函数 $f(x)=\left(1+\frac{1}{x}\right)^x$ 的变化情况如如表 2-2 所示.

表 2-2　$x\to\infty$时 $f(x)$的变化情况

x	1	2	10	100	1 000	10 000	100 000	1 000 000	…
y	2	2.25	2.594	2.705	2.717	2.718 1	2.718 2	2.718 28	…

从表 2-2 中不难看出,当 $x\to\infty$时,函数 $f(x)=\left(1+\frac{1}{x}\right)^x$ 的值无限接近于 e 的,e 称为自然常数,是无理数,e=2.718 281 28….

说明:(1)此极限主要解决 1^∞ 型幂指函数的极限.

(2)它可形象地表示为 $\lim\limits_{\square\to\infty}\left(1+\frac{1}{\square}\right)^\square=\mathrm{e}$(方框□代表同一变量).

如果令$\frac{1}{x}=t$,当 $x\to\infty$时,$t\to 0$ 可得另外一种形式

$$\lim_{t\to 0}(1+t)^{\frac{1}{t}}=\mathrm{e}.$$

【例 2-26】 求$\lim\limits_{x\to\infty}\left(1+\dfrac{3}{x}\right)^{x}$.

解 令$\dfrac{x}{3}=u$,则 $x=3u$.

$$\lim_{x\to\infty}\left(1+\frac{3}{x}\right)^{x}=\lim_{u\to\infty}\left(1+\frac{1}{u}\right)^{3u}=\lim_{u\to\infty}\left[\left(1+\frac{1}{u}\right)^{u}\right]^{3}=\mathrm{e}^{3},$$

或

$$\lim_{x\to\infty}\left(1+\frac{3}{x}\right)^{x}=\lim_{x\to\infty}\left(1+\frac{3}{x}\right)^{\frac{x}{3}\cdot 3}=\lim_{x\to\infty}\left[\left(1+\frac{3}{x}\right)^{\frac{x}{3}}\right]^{3}=\mathrm{e}^{3}.$$

【例 2-27】 求$\lim\limits_{x\to\infty}\left(1-\dfrac{1}{x}\right)^{x}$.

解 令 $t=-x$,则 $x\to\infty$时,$t\to\infty$.于是

$$\lim_{x\to\infty}\left(1-\frac{1}{x}\right)^{x}=\lim_{t\to\infty}\left(1+\frac{1}{t}\right)^{-t}=\lim_{t\to\infty}\frac{1}{\left(1+\frac{1}{t}\right)^{t}}=\frac{1}{\mathrm{e}},$$

或

$$\lim_{x\to\infty}\left(1-\frac{1}{x}\right)^{x}=\lim_{x\to\infty}\left(1+\frac{1}{-x}\right)^{-x(-1)}=\left[\lim_{x\to\infty}\left(1+\frac{1}{-x}\right)^{-x}\right]^{-1}=\mathrm{e}^{-1}.$$

【例 2-28】 $\lim\limits_{t\to 0}(1+t)^{\frac{2}{t}}$

解 $\lim\limits_{t\to 0}(1+t)^{\frac{2}{t}}=\lim\limits_{t\to 0}(1+t)^{\frac{1}{t}\times 2}=\lim\limits_{t\to 0}[(1+t)^{\frac{1}{t}}]^{2}=\mathrm{e}^{2}$.

一般地,可以有下面的结论:

$$\lim_{x\to\infty}\left(1+\frac{a}{x}\right)^{bx+c}=\mathrm{e}^{a\cdot b},$$

特别地

$$\lim_{x\to\infty}\left(1+\frac{k}{x}\right)^{x}=\mathrm{e}^{k}.$$

【例 2-29】 $\lim\limits_{x\to\infty}\left(1+\dfrac{1}{2x}\right)^{4x-3}$.

解 因为 $a=\dfrac{1}{2}$,$b=4$,所以

$$\lim_{x\to\infty}\left(1+\frac{1}{2x}\right)^{4x-3}=\mathrm{e}^{\frac{1}{2}\cdot 4}=\mathrm{e}^{2}.$$

【例 2-30】 $\lim\limits_{x\to\infty}\left(\dfrac{2x+3}{2x+1}\right)^{x+1}$.

解 因为$\dfrac{2x+3}{2x+1}=1+\dfrac{2}{2x+1}$,令 $2x+1=u$,则 $x=\dfrac{u-1}{2}$,当 $x\to\infty$,有 $u\to\infty$. 于是

$$\lim_{x\to\infty}\left(\frac{2x+3}{2x+1}\right)^{x+1}=\lim_{u\to\infty}\left(1+\frac{2}{u}\right)^{\frac{u}{2}+\frac{1}{2}}=\lim_{u\to\infty}\left(1+\frac{2}{u}\right)^{\frac{u}{2}}=\mathrm{e}^{2\cdot\frac{1}{2}}=\mathrm{e}.$$

习题 2.4

1. 选择题.

(1)下列各式中正确的是(　　).

A. $\lim\limits_{x\to 0}\dfrac{x}{\sin x}=0$　　B. $\lim\limits_{x\to\infty}\dfrac{\sin x}{x}=1$　　C. $\lim\limits_{x\to 0}\dfrac{\sin x}{x}=1$　　D. $\lim\limits_{x\to\infty}\dfrac{x}{\sin x}=1$

(2)下列极限计算正确的是(　　).

A. $\lim\limits_{x\to 0}\left(1+\dfrac{1}{x}\right)^{x}=\mathrm{e}$　　B. $\lim\limits_{x\to\infty}(1+x)^{\frac{1}{x}}=\mathrm{e}$

C. $\lim\limits_{x\to\infty}x\sin\dfrac{1}{x}=1$　　D. $\lim\limits_{x\to\infty}\dfrac{\sin x}{x}=1$

(3)$\lim\limits_{x\to 0}\dfrac{\sin 5x}{\sin 3x}=$(　　).

A. $\dfrac{5}{3}$　　B. 1　　C. ∞　　D. $\dfrac{4}{5}$

(4)$\lim\limits_{x\to 0}(x\cdot\cot 2x)=$(　　).

A. $\dfrac{5}{2}$　　B. $\dfrac{1}{2}$　　C. ∞　　D. $\dfrac{4}{5}$

(5)$\lim\limits_{x\to\infty}\left(1+\dfrac{2}{x}\right)^{2x}=$(　　).

A. e^4　　B. e^2　　C. ∞　　D. 1

2. 求下列各极限：

(1)$\lim\limits_{x\to 0}\dfrac{\sin ax}{bx}$；　　(2)$\lim\limits_{x\to 0}\dfrac{\tan 5x}{\sin 2x}$；

(3)$\lim\limits_{x\to 0}\dfrac{x-\sin x}{x+\sin x}$；　　(4)$\lim\limits_{x\to -1}\dfrac{\sin^2(x+1)}{x+1}$.

3. 求下列各极限：

(1)$\lim\limits_{x\to\infty}\left(1+\dfrac{5}{x}\right)^{x}$；　　(2)$\lim\limits_{x\to 0}(1-3x)^{\frac{1}{x}+1}$；

(3)$\lim\limits_{x\to\infty}\left(\dfrac{2x-1}{2x+1}\right)^{x+1}$；　　(4)$\lim\limits_{x\to\infty}\left(\dfrac{x}{1+x}\right)^{-x}$.

4. 已知 $f(x)=\begin{cases}\dfrac{\sin 2x}{x}+1, & x<0,\\ x^2+a, & x\geqslant 0.\end{cases}$ 求常数 a，使$\lim\limits_{x\to 0}f(x)$存在，并求此极限.

2.5　无穷小与无穷大

2.5.1　无穷小

定义 10　若函数 $y=f(x)$在自变量 x 的某个变化过程中以零为极限，则称在该变化过程中 $f(x)$为**无穷小量**，简称**无穷小**.

例如，因为$\lim\limits_{x\to\infty}\dfrac{1}{x}=0$，所以函数$\dfrac{1}{x}$为当 $x\to\infty$时的无穷小.

因为$\lim\limits_{x\to 1}(x-1)=0$，所以函数 $x-1$ 为当 $x\to 1$ 时的无穷小.

注：

(1)无穷小量是以 0 为极限的函数，并非很小的数.

(2)无穷小量的定义对数列也适用，例如数列$\left\{\frac{1}{n}\right\}$当$n\to\infty$时就是无穷小量.

(3)不能笼统地说某个函数是无穷小量，必须指出它的极限过程，无穷小量与极限过程有关. 在某个变化过程中的无穷小量，在其他过程中则不一定是无穷小量.

例如，当$x\to\infty$时，$\frac{1}{x}$是无穷小量，而当$x\to 1$时，$\frac{1}{x}$就不是无穷小量.

无穷小和函数极限之间有如下关系.

定理 3 函数$f(x)$以A为极限的充分必要条件是：$f(x)$可以表示为A与一个无穷小量α之和. 即

$$\lim f(x)=A \Leftrightarrow f(x)=A+\alpha，其中\lim\alpha=0.$$

2.5.2 无穷小的性质

性质 1 有限个无穷小的代数和为无穷小.

注意：无穷多个无穷小的代数和未必是无穷小.

例如，$n\to\infty$时，$\frac{1}{n^2},\frac{2}{n^2},\cdots,\frac{n}{n^2}$均为无穷小，

但是，$\lim\limits_{n\to\infty}\left(\frac{1}{n^2}+\frac{2}{n^2}+\cdots+\frac{n}{n^2}\right)=\lim\limits_{n\to\infty}\frac{n(n+1)}{2n^2}=\lim\limits_{n\to\infty}\left(\frac{1}{2}+\frac{1}{2n}\right)=\frac{1}{2}$.

性质 2 有界函数与无穷小之积为无穷小.

性质 3 常数与无穷小之积为无穷小.

性质 4 有限个无穷小之积也是无穷小.

【例 2-31】 求$\lim\limits_{x\to\infty}\frac{\sin x}{x}$.

解 因为$\lim\limits_{x\to\infty}\frac{1}{x}=0$，$|\sin x|\leqslant 1$，根据性质 2，则$\lim\limits_{x\to\infty}\frac{\sin x}{x}=0$.

必须注意：两个无穷小之商未必是无穷小.

例如，$x\to 0$时，x与$2x$皆为无穷小，但有$\lim\limits_{x\to 0}\frac{2x}{x}=2$.

2.5.3 无穷小的比较

对于在同一个变化过程中的两个无穷小量，虽然它们都趋于零，但是趋向于零的速度可能大不相同. 现在列表考察$x\to 0$时的无穷小量$x,2x,x^2$趋向于零的快慢程度，见表 2-3.

表 2-3

x	1	0.1	0.01	0.001	0.000 1	…	$\to 0$
$2x$	2	0.2	0.02	0.002	0.000 2	…	$\to 0$
x^2	1	0.01	0.000 1	0.000 001	0.000 000 01	…	$\to 0$

从表中可以看出$x\to 0$时，$x,2x,x^2$趋于零的速度不同，$x,2x$趋于零的速度差不多(注意到$\lim\limits_{x\to 0}\frac{2x}{x}=2$)，而$x^2$比$x$要快得多$\left(\lim\limits_{x\to 0}\frac{x^2}{x}=0\right)$. 所以两个无穷小趋于零的速度的快慢，是通过两个无穷小之商的极限来反映的. 为了比较两个无穷小，我们引入阶的概念.

定义 11　设 α 与 β 是在自变量同一个变化过程中的两个无穷小.

(1)如果 $\lim \dfrac{\beta}{\alpha}=0$,就说 β 是比 α **高阶的无穷小**,记为 $\beta=o(\alpha)$.

(2)如果 $\lim \dfrac{\beta}{\alpha}=\infty$,就说 β 是比 α **低阶的无穷小**.

(3)如果 $\lim \dfrac{\beta}{\alpha}=c\neq 0$,就说 β 与 α **是同阶无穷小**.

特别地,如果 $\lim \dfrac{\beta}{\alpha}=c=1$,就说 β 与 α 是**等价无穷小**,记为 $\alpha\sim\beta$.

(4)如果 $\lim \dfrac{\beta}{\alpha^k}=c\neq 0, k>0$,就说 β 是关于 α 的 k **阶无穷小**.

由定义知,当 $x\to 0$ 时,x^2 是 $x,2x$ 的高阶无穷小,而 x 与 $2x$ 是同阶无穷小. 同样地,当 $x\to 0$ 时,x 与 $\sin x,\tan x$ 是等价无穷小,即 $x\sim\sin x\sim\tan x\ (x\to 0)$.$1-\cos x$ 与 $\dfrac{1}{2}x^2$ 也是等价无穷小,即 $1-\cos x\sim\dfrac{1}{2}x^2\,(x\to 0)$.

2.5.4　等价无穷小

定理 4　(等价无穷小替换性质)

设在某一变化过程中 $\alpha,\alpha',\beta,\beta'$ 是无穷小,且 $\alpha\sim\alpha',\beta\sim\beta'$,$\lim \dfrac{\beta'}{\alpha'}$ 存在,则

$$\lim \frac{\beta}{\alpha}=\lim \frac{\beta'}{\alpha'}.$$

(证明略)

【例 2-32】　求 $\lim\limits_{x\to 0}\dfrac{\tan 2x}{\sin 5x}$.

解　当 $x\to 0$ 时,$\tan 2x\sim 2x$,$\sin 5x\sim 5x$,于是有

$$\lim_{x\to 0}\frac{\tan 2x}{\sin 5x}=\frac{2x}{5x}=\frac{2}{5}.$$

【例 2-33】　求 $\lim\limits_{x\to 0}\dfrac{\tan^2 5x}{x\sin 2x}$.

解　当 $x\to 0$ 时,$\tan 5x\sim 5x$,$\sin 2x\sim 2x$,于是有

$$\lim_{x\to 0}\frac{\tan^2 5x}{x\sin 2x}=\lim_{x\to 0}\frac{(5x)^2}{x\cdot 2x}=\frac{25}{2}.$$

【例 2-34】　求 $\lim\limits_{x\to 0}\dfrac{\sin x(1-\cos x)}{x^3}$.

解　当 $x\to 0$ 时,$\sin x\sim x$,$1-\cos x\sim\dfrac{1}{2}x^2$,于是有

$$\lim_{x\to 0}\frac{\sin x(1-\cos x)}{x^3}=\lim_{x\to 0}\frac{x\cdot\frac{x^2}{2}}{x^3}=\frac{1}{2}.$$

2.5.5　无穷大

定义 12　在自变量 x 的某变化过程中,若对应的函数值的绝对值 $|f(x)|$ 无限增大,则称

$f(x)$为该变化过程中的**无穷大量**,简称**无穷大**. 记作

$$\lim f(x)=\infty.$$

注意:无穷大是极限不存在的一种情形,这里借用极限的记号,但并不表示极限存在. 和无穷小类似,在理解无穷大的概念时,同样应注意以下几点.

(1)无穷大是满足 $\lim f(x)=\infty$的一个函数,并非很大的数.

(2)无穷大量的定义对数列也适用.

(3)不能笼统地说某个函数是无穷大量,必须指出它的极限过程. 在某个变化过程中的无穷大量,在其他过程中则不一定是无穷大量.

(4)函数在变化过程中绝对值越来越大且可以无限增大时,才能称无穷大量.

例如,当 $x\to\infty$时,x^3 是无穷大量,而 $f(x)=x\sin x$ 的值可以无限增大但不是越来越大,所以不是无穷大量.

由定义 10 和定义 12 容易看到无穷小与无穷大有如下关系.

定理 5 (无穷大与无穷小之间的关系)

(1)在自变量的同一变化过程中,如果 $f(x)$为无穷大,则$\dfrac{1}{f(x)}$为无穷小;

(2)如果 $f(x)$为无穷小,且 $f(x)\neq 0$,则$\dfrac{1}{f(x)}$为无穷大.

习题 2.5

1. 选择题.

(1)当 $x\to 0$ 时,与无穷小 $x+100x^3$ 等价的无穷小是(　　).

A. $\sqrt[3]{x}$　　B. $\sqrt{x}$　　C. x　　D. $100x^3$

(2)$\lim\limits_{x\to 0}\dfrac{\sin 2x}{\sin(-x)}=$(　　).

A. -2　　B. 1　　C. ∞　　D. $\dfrac{4}{5}$

(3)当 $x\to 0$ 时,与 $\sqrt{1+x}-\sqrt{1-x}$等价的无穷小是(　　).

A. x^2　　B. $\sqrt{x}$　　C. x　　D. $\dfrac{1}{2}x$

(4)在下列指定的变化过程中,(　　)为无穷小量.

A. e^{-x} $(x\to\infty)$　　B. $\ln x$ $(x\to 1)$

C. $x\sin\dfrac{1}{x}$ $(x\to\infty)$　　D. $\dfrac{1}{x}$ $(x\to 1\ 000)$

(5)已知 $f(x)=1-\dfrac{\sin x}{x}$,若 $f(x)$为无穷小量,则 x 的趋向必须是(　　).

A. $x\to+\infty$　　B. $x\to-\infty$　　C. $x\to 1$　　D. $x\to 0$

(6)当 $x\to 0^-$ 时,下列变量中不是无穷小量的有(　　).

A. $\dfrac{x^2}{x+1}$　　B. $\ln(1+x)$　　C. $e^{\frac{1}{x}}$　　D. $\dfrac{\sin x}{x}$

2. 考察下列函数在所给极限过程中,哪些是无穷小量,哪些是无穷大量.

(1)$f(x)=\dfrac{2x+1}{x}$,$x\to\infty$;　　(2)$f(x)=e^{2x}$,$x\to+\infty$;

(3) $f(x)=\cos x, x\to-\infty$；　　(4) $f(x)=\dfrac{1+x}{x^2}, x\to\infty$.

3. 当 $x\to 0$ 时，比较下列每两个无穷小量的阶.

(1) x^2；　　(2) x^2+x；　　(3) $2x^2$.

4. 求极限 $\lim\limits_{x\to 0}x^2\cos\dfrac{1}{x}$，并说明理由.

2.6　函数的连续性

2.6.1　函数的连续性

在现实生活中有许多量都是连续变化的，例如水的流动、植物的生长、物体运动的路程等.这些现象反映在数学上就是函数的连续性，它是与函数极限密切相关的另一个基本概念.

1. 函数增量的定义

定义 13　设变量 u 从它的一个初值 u_1 变到终值 u_2，终值与初值的差 u_2-u_1 就叫作变量 u 的**增量**，记作 Δu，即 $\Delta u=u_2-u_1$ .u 的增量可正，可负.当终值大于初值时增量为正，终值小于初值时增量为负，终值等于初值时增量为零.

注：记号 Δu 是一个整体，不能理解为 Δ 乘以 u.

定义 14　设函数 $y=f(x)$ 在点 x_0 的某一个邻域内有定义，当自变量 x 在该邻域内从 x_0 变到 $x_0+\Delta x$ 时，函数 y 相应地从 $f(x_0)$ 变到 $f(x_0+\Delta x)$，因此函数 y 的对应**增量**为

$$\Delta y=f(x_0+\Delta x)-f(x_0).$$

2. 函数在点 x_0 的连续性

如果函数 $y=f(x)$ 的图像在点 x_0 的某邻域内是连续的曲线（见图 2-6），由于 y 随 x 的值连续变化，所以在 x_0 处，当 Δx 很小时，Δy 也很小，当 $\Delta x\to 0$ 时，$\Delta y\to 0$.

若函数 $y=f(x)$ 的图像在点 x_0 处断裂（见图 2-7），那么在 x_0 处，当 Δx 很小时，y 从 $f(x_0)$ 跳跃到 $f(x_0+\Delta x)$，$\Delta x\to 0$ 时，Δy 并不趋于 0.于是就可以得出函数在一点连续的定义.

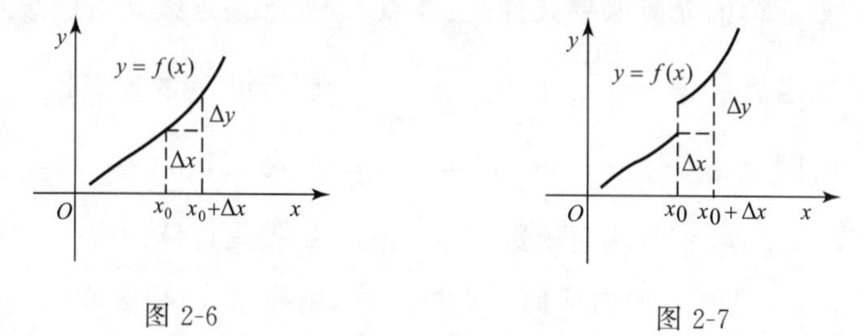

图 2-6　　图 2-7

定义 15　设函数 $y=f(x)$ 在点 x_0 的某一个邻域内有定义，如果自变量的增量 $\Delta x=x-x_0$ 趋于零时，对应的函数增量也趋于零，即

$$\lim_{\Delta x\to 0}\Delta y=\lim_{\Delta x\to 0}[f(x_0+\Delta x)-f(x_0)]=0,$$

则称函数 $y=f(x)$ **在点** x_0 **处连续**.

在定义 15 中，如果令 $x=x_0+\Delta x$，则当 $\Delta x\to 0$ 时，$x\to x_0$，于是 $\lim\limits_{\Delta x\to 0}\Delta y=0$ 可以改写为

$$\lim_{x\to x_0}[f(x)-f(x_0)]=0,$$

即 $\lim\limits_{x\to x_0}f(x)=f(x_0)$.因此函数在点 x_0 处连续也可如下定义：

定义 16 设函数 $y=f(x)$ 在点 x_0 的某一个邻域内有定义,若

$$\lim_{x\to x_0} f(x)=f(x_0),$$

则称函数 $y=f(x)$ 在点 x_0 处连续.

说明:函数 $f(x)$ 在点 x_0 连续,必须同时满足以下三个条件:

(1) $f(x)$ 在点 x_0 的一个邻域内有定义;

(2) $\lim\limits_{x\to x_0} f(x)$ 存在;

(3)上述极限值等于函数值 $f(x_0)$.

如果上述条件中至少有一个不满足,则点 x_0 就是函数 $f(x)$ 的间断点.当函数 $y=f(x)$ 在点 x_0 处连续时,有

$$\lim_{x\to x_0} f(x)=f(x_0)=f(\lim_{x\to x_0} x).$$

这个等式意味着在函数连续的前提下,极限符号与函数符号可以互换.这一结论给我们求极限带来了很大方便.

【例 2-35】 求 $\lim\limits_{x\to 0}\cos x$.

解 $\lim\limits_{x\to 0}\cos x=\cos(\lim\limits_{x\to 0} x)=\cos 0=1.$

【例 2-36】 求 $\lim\limits_{x\to 0}\dfrac{\ln(1+x)}{x}$.

解 因为 $\lim\limits_{x\to 0}(1+x)^{\frac{1}{x}}=\mathrm{e}$,且 $y=\ln u$ 在点 $u=\mathrm{e}$ 连续,则

$$\lim_{x\to 0}\frac{\ln(1+x)}{x}=\lim_{x\to 0}\ln(1+x)^{\frac{1}{x}}=\ln[\lim_{x\to 0}(1+x)^{\frac{1}{x}}]=\ln\mathrm{e}=1.$$

故当 $x\to 0$ 时,$\ln(x+1)\sim x$.

由定义 16 可知,函数的连续性建立在极限存在的基础上.对应于左、右极限的概念,有:

如果 $\lim\limits_{x\to x_0^-} f(x)=f(x_0)$,则称 $y=f(x)$ 在点 x_0 处**左连续**.

如果 $\lim\limits_{x\to x_0^+} f(x)=f(x_0)$,则称 $y=f(x)$ 在点 x_0 处**右连续**.

显然,$f(x)$ 在点 x_0 处连续的充分必要条件是:在点 x_0 处既左连续又右连续.

【例 2-37】 讨论函数 $f(x)=\begin{cases} x^2, & 0\leqslant x\leqslant 1,\\ 2-x, & 1<x\leqslant 2\end{cases}$ 在 $x=1$ 处的连续性.

解 在 $x=1$ 处,因为 $\lim\limits_{x\to 1^-} f(x)=\lim\limits_{x\to 1^-} x^2=1$,$\lim\limits_{x\to 1^+} f(x)=\lim\limits_{x\to 1^+}(2-x)=1$,

而 $f(1)=1$, 所以 $\lim\limits_{x\to 1} f(x)=1$,从而函数 $f(x)$ 在 $x=1$ 处是连续的.

若函数 $y=f(x)$ 在区间 (a,b) 内任何一点都连续,则称 $f(x)$ **在区间 (a,b) 上连续**.

若函数 $y=f(x)$ 在区间 (a,b) 内连续,而且 $\lim\limits_{x\to a^+} f(x)=f(a)$,$\lim\limits_{x\to b^-} f(x)=f(b)$,则称 $f(x)$ **在闭区间 $[a,b]$ 上连续**.

连续函数的图像是一条连续不断的曲线.

2.6.2 函数的间断点及其分类

定义 17 设函数 $y=f(x)$ 在点 x_0 的某个去心邻域内有定义,且在点 x_0 处不连续,则称函数 $y=f(x)$ **在点 x_0 处间断**,x_0 为 $f(x)$ 的**间断点**.

根据连续函数的定义,如果函数 $y=f(x)$ 在点 x_0 处有下列三种情况之一,则点 x_0 为

$f(x)$的间断点：

(1)在 x_0 没有定义；

(2)虽然在 x_0 有定义，但$\lim\limits_{x\to x_0}f(x)$不存在；

(3)虽然在 x_0 有定义，且$\lim\limits_{x\to x_0}f(x)$存在，但$\lim\limits_{x\to x_0}f(x)\neq f(x_0)$.

间断点的类型.

1. 第一类间断点

设 x_0 为 $f(x)$的一个间断点，如果当 $x\to x_0$ 时，$f(x)$的左、右极限都存在，则称 x_0 为 $f(x)$的**第一类间断点**.

(1)如果$\lim\limits_{x\to x_0}f(x)=A\neq f(x_0)$(含 $f(x_0)$不存在)，则 x_0 为**可去间断点**(可补充或修改定义使其连续)；

(2)当$\lim\limits_{x\to x_0^-}f(x)$与$\lim\limits_{x\to x_0^+}f(x)$均存在，但不相等时，称 x_0 为 $f(x)$的**跳跃间断点**；即 $f(x_0-0)=A$，$f(x_0+0)=B$，但 $A\neq B$，则 x_0 为跳跃间断点.

2. 第二类间断点

若 $f(x)$的左、右极限中至少有一个不存在，则称 x_0 为**第二类间断点**.

【例 2-37】 指出下列函数的间断点并说明间断点的类型

(1)$f(x)=\begin{cases}\dfrac{\sin x}{x}, & (x\neq 0),\\ 0, & (x=0);\end{cases}$　　(2)$f(x)=\begin{cases}x-1, & x<0,\\ 0, & x=0,\\ x+1, & x>0;\end{cases}$

(3)$f(x)=\dfrac{1}{x}$.

解

(1)函数在 $x=0$ 的邻域内有定义，因为$\lim\limits_{x\to 0}f(x)=\lim\limits_{x\to 0}\dfrac{\sin x}{x}=1$，$f(0)=0$，故$\lim\limits_{x\to 0}f(x)\neq f(0)$，所以 $x=0$ 是函数的第一类且可去间断点.

(2)因为$\lim\limits_{x\to 0^-}f(x)=\lim\limits_{x\to 0^-}(x-1)=-1$，　$\lim\limits_{x\to 0^+}f(x)=\lim\limits_{x\to 0^+}(x+1)=1$，二者不等，所以$x=0$为 $f(x)$的第一类跳跃间断点.(见图 2-8)

(3)因为 $f(x)=\dfrac{1}{x}$在 $x=0$ 没有定义，所以 $x=0$ 是 $f(x)=\dfrac{1}{x}$的一个间断点，又因为$\lim\limits_{x\to 0}\dfrac{1}{x}=\infty$，所以点 $x=0$ 称为 $f(x)$的无穷间断点.(见图 2-9)

【例 2-38】 已知函数 $f(x)=\begin{cases}x^2+1, x<0,\\ 2x+b, x\geqslant 0\end{cases}$在 $x=0$ 处连续.求 b 的值.

解　$\lim\limits_{x\to 0^-}f(x)=\lim\limits_{x\to 0^-}(x^2+1)=1$，$\lim\limits_{x\to 0^+}f(x)=\lim\limits_{x\to 0^+}(2x+b)=b$，

因为$\lim\limits_{x\to 0^-}f(x)=\lim\limits_{x\to 0^+}f(x)$，　即 $b=1$.

2.6.3　连续函数的运算与初等函数的连续性

1. 基本初等函数在其定义域内连续

由基本初等函数经过四则运算所构成的函数在其定义区间内都是连续的. 即可得定理 6.

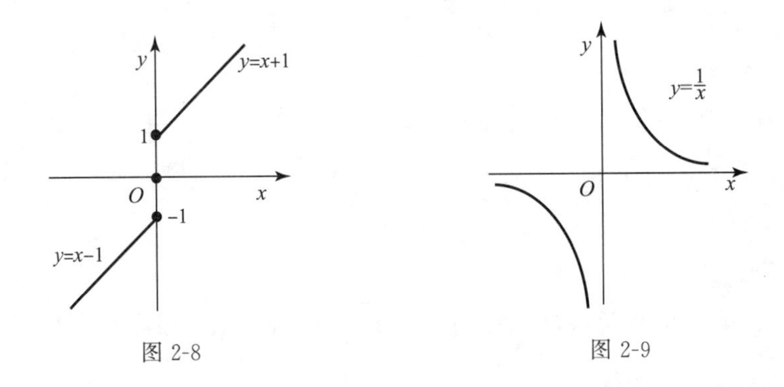

图 2-8　　　　图 2-9

定理 6　若函数 $f(x),g(x)$ 在 x_0 处连续，则 $f(x)\pm g(x)$、$f(x)g(x)$、$\dfrac{f(x)}{g(x)}(g(x_0)\neq 0)$ 都在 x_0 处连续.

2. 复合函数的连续性

定理 7　设函数 $u=\varphi(x)$ 在 x_0 连续，$y=f(u)$ 在点 u_0 处连续，且 $u_0=\varphi(x_0)$，则复合函数 $y=f[\varphi(x)]$ 在点 x_0 处连续.

3. 初等函数的连续性

初等函数是由基本初等函数经过有限的四则运算和复合运算所构成的，根据连续函数的运算性质得定理 8.

定理 8　一切初等函数在其定义区间内连续.

这样我们求初等函数在其定义区间内某点的极限，只需求初等函数在该点的函数值即可.

【例 2-39】　求下列极限：

(1) $\lim\limits_{x\to 0}\sqrt{x^2-2x+5}$；　　(2) $\lim\limits_{x\to 4}\dfrac{e^x+\cos(4-x)}{\sqrt{x}-3}$.

解　(1) 因为函数 $f(x)=\sqrt{x^2-2x+5}$ 是初等函数，$f(x)$ 在点 $x=0$ 处有定义，所以

$$\lim_{x\to 0}\sqrt{x^2-2x+5}=f(0)=\sqrt{0^2-2\cdot 0+5}=\sqrt{5}.$$

(2) 因为 $\lim\limits_{x\to 4}\dfrac{e^x+\cos(4-x)}{\sqrt{x}-3}$ 是初等函数，定义域为 $[0,9)\cup(9,+\infty)$，$4\in[0,9)$

所以

$$\lim_{x\to 4}\frac{e^x+\cos(4-x)}{\sqrt{x}-3}=\frac{e^x+\cos 0}{2-3}=-(e^4+1).$$

2.6.4　闭区间上连续函数的性质

闭区间上的连续函数有一些非常重要的性质，这些性质在直观上看比较明显. 下面不加证明地给出这些性质.

定理 9(最值定理)

设 $f(x)$ 在 $[a,b]$ 上连续，则它在这个区间上一定存在最大值和最小值.

例如，在图 2-10 中，$f(x)$ 在 $[a,b]$ 上连续，在点 ξ_1 处取得最小值，在点 ξ_2 处取得最大值.

定理 10(介值定理)

设 $f(x)$ 在 $[a,b]$ 上连续，且 $f(a)=M$，$f(b)=m(M\neq m)$，则对 m，M 之间的任一数 c，至少存在一点 $\xi\in(a,b)$，使得 $f(\xi)=c$.（见图 2-11）

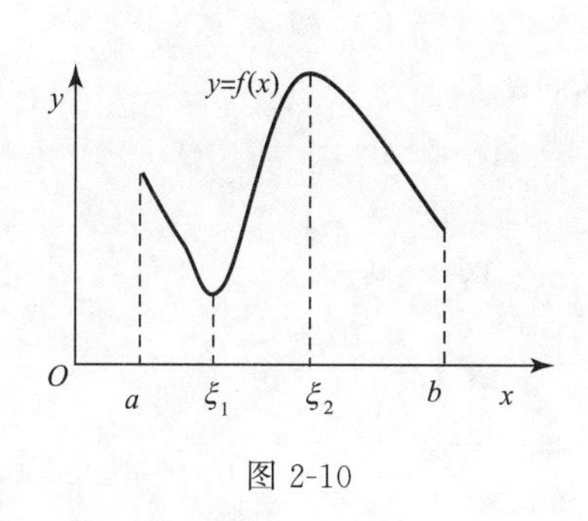

图 2-10

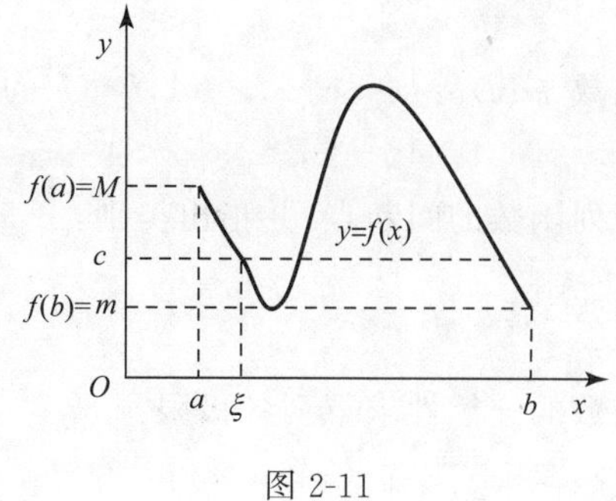

图 2-11

定理 11(零点定理)

设 $f(x)$在$[a,b]$上连续，且 $f(a)f(b)<0$(异号)，则至少存在一点$\xi\in(a,b)$使得 $f(\xi)=0$，即ξ是 $f(x)=0$ 的根.(见图 2-12)

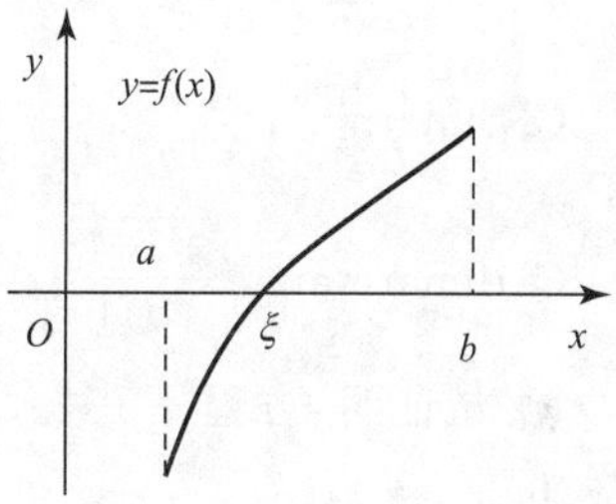

图 2-12

例 8　证明方程 $x^3-4x^2+1=0$ 在区间$(0,1)$内至少有一个根.

证明　函数 $f(x)=x^3-4x+1$ 在闭区间$[0,1]$上连续，

又　$f(0)=1>0, f(1)=-2<0$.

根据零点定理，在$(0,1)$内至少有一点ξ，使得 $f(\xi)=0$，

即　$\xi^3-4\xi^2+1=0\quad(0<\xi<1)$.

这个等式说明方程 $x^3-4x^2+1=0$ 在区间$(0,1)$内至少有一个根是ξ.

习题 2.6

1. 选择题.

(1)函数 $y=f(x)$在点 $x=x_0$ 处有定义是 $f(x)$在点 $x=x_0$ 处连续的(　　).

A. 必要条件　　B. 充分条件　　C. 充要条件　　D. 无关条件

(2)函数 $f(x)=\sqrt{x(x-1)}+\dfrac{x^2-1}{(x+1)(x+2)}$的间断点的个数是(　　).

A. 0　　B. 2　　C. 1　　D. 3

(3)函数 $y=x^2+1$ 在区间$(-1,1)$内的最大值是(　　).

A. 0　　B. 2　　C. 1　　D. 不存在

(4)方程 $x^3+2x^2-x-2=0$ 在$(-3,2)$内(　　).

A. 恰有一个实根　　B. 恰有两个实根

C. 至少有一个实根　　D. 无实根

2. 已知函数 $y=x^2+2x-5$，求 $x=1, \Delta x=0.01$ 时函数的增量 Δy.

3. 试讨论函数 $f(x)=|x|$在 $x=0$ 处的连续性.

4. 讨论函数 $f(x)=\begin{cases}x+1, & x<0,\\ 1, & x=0,\\ x^2-1, & x>0\end{cases}$ 在 $x=0$ 处的连续性.

5. 试用连续的定义证明函数 $f(x)=\cos x$ 在其定义域内连续.

6. 求函数 $f(x)=\dfrac{x^2+1}{x^2-1}$的连续区间.

7. 求函数 $f(x)=\begin{cases}x, & -1<x<1, \\ 4, & x=1, \\ 5-x, & 1<x<4\end{cases}$ 的连续区间.

8. 求下列函数的间断点，并指出类别：

(1) $y=2^{\frac{1}{x-1}}$；

(2) $y=\begin{cases}x-1, & x\leqslant 0, \\ x^2, & x>0.\end{cases}$

9. 用函数的连续性求下列各极限：

(1) $\lim\limits_{x\to 1}\dfrac{\sqrt{3x^2+2x-1}}{2x-1}$；

(2) $\lim\limits_{x\to\frac{\pi}{2}}\tan\sin x$；

(3) $\lim\limits_{x\to 0}\dfrac{x\sin x}{x+1}$；

(4) $\lim\limits_{x\to 0}\dfrac{\ln(1-x)}{x}$；

(5) $\lim\limits_{x\to 1}\arctan\sqrt{\dfrac{x^2+1}{x+1}}$；

(6) $\lim\limits_{x\to 0}\dfrac{x\ln(1+x)}{\sqrt{1+x^2}-1}$.

10. 试证明：方程 $x^3+2x^2-1=0$ 在区间 $(0,1)$ 内至少有一个实根.

本章小结

1. 极限的定义

数列极限的定义、函数极限存在的充分必要条件：

$$\lim_{x\to x_0}f(x)=A\Leftrightarrow\lim_{x\to x_0^-}f(x)=\lim_{x\to x_0^+}f(x)=A.$$

2. 极限的运算法则

设 $\lim f(x)=A$，$\lim g(x)=B$，则在相同变化状态下有

(1) $\lim[f(x)\pm g(x)]=\lim f(x)\pm\lim g(x)=A\pm B$；

(2) $\lim[f(x)\cdot g(x)]=[\lim f(x)]\cdot[\lim g(x)]=A\cdot B$；

(3) $\lim\dfrac{f(x)}{g(x)}=\dfrac{\lim f(x)}{\lim g(x)}=\dfrac{A}{B}(B\neq 0)$.

3. 求极限的方法

(1) 应用极限的运算法则；

(2) 利用函数的连续性求极限：

当函数 $y=f(x)$ 在点 x_0 处连续时，可以交换函数运算和极限运算顺序.

即
$$\lim_{x\to x_0}f(x)=f(\lim_{x\to x_0}x).$$

(3) 利用无穷小与有界函数的乘积仍然是无穷小；

(4) 利用两个重要极限

$$\lim_{x\to 0}\frac{\sin x}{x}=1,\qquad\lim_{x\to+\infty}\left(1+\frac{1}{x}\right)^x=\mathrm{e}.$$

(5) 利用等价无穷小计算极限.

如果 $\alpha,\alpha',\beta,\beta'$ 是某过程中的无穷小量，且 $\alpha\sim\alpha'$，$\beta\sim\beta'$，$\lim\dfrac{\beta'}{\alpha'}$ 存在，

则
$$\lim\frac{\beta}{\alpha}=\lim\frac{\beta'}{\alpha'}.$$

(6)对于有理分式的极限,可以按照下面归纳的方法计算:

①$x\to x_0$ 时,当分母极限不为零时,可直接利用函数商的极限等于极限的商计算.当分母为零时,分两种情况.如果分子极限不为零,则该极限为无穷大;如果分子极限也为零,则因式分解消去公因子再求极限.

②当 $x\to\infty$时,有理分式($a_0\neq 0, b_0\neq 0$)的极限有以下结果

$$\lim_{x\to\infty}\frac{a_0x^n+a_1x^{n-1}+\cdots+a_n}{b_0x^m+b_1x^{m-1}+\cdots+b_m}=\begin{cases}\infty, & 当\ m<n,\\ \dfrac{a_0}{b_0}, & 当\ m=n,\\ 0, & 当\ m>n.\end{cases}$$

4.闭区间连续函数性质

最值定理:设 $f(x)$在$[a,b]$上连续,则它在这个区间上一定存在最大值和最小值.

介值定理:设 $f(x)$在$[a,b]$上连续,且 $f(a)=M, f(b)=m$,则对 m, M 之间的任一数 c,至少存在一点$\xi\in(a,b)$,使得 $f(\xi)=c$.

零点定理:设 $f(x)$在$[a,b]$上连续,且 $f(a)f(b)<0$,则至少存在一点$\xi\in(a,b)$使得$f(\xi)=0$,即ξ是$f(x)=0$ 的根.

总习题 2

1.选择题.

(1)数列$\{x_n\}$有界是数列$\{x_n\}$收敛的(　　).

A.必要条件　　B.充分条件　　C.充要条件　　D.无关条件

(2)函数 $f(x)$在 x_0 处连续是$\lim\limits_{x\to x_0}f(x)$存在的(　　).

A.必要条件　　B.充分条件　　C.充要条件　　D.无关条件

(3)函数 $f(x)=\begin{cases}2x, & 0\leqslant x<1,\\ 3-x, & 1<x\leqslant 2\end{cases}$ 的连续区间是(　　).

A.$[0,2]$　　B.$[0,1]$　　C.$[0,1)\cup(1,2]$　　D.$(1,2]$

(4)函数 $f(x)=\begin{cases}2x, & 0\leqslant x<1,\\ a-3x, & 1\leqslant x<2\end{cases}$ 在点 $x=1$ 处连续,则 $a=$(　　).

A.2　　B.5　　C.3　　D.4

(5)下列说法不正确的是(　　).

A.无穷大数列一定是无界的　　B.无界数列不一定是无穷大数列

C.有极限的数列一定有界　　D.有界数列一定有极限

2.下列极限是否存在?为什么?

(1) $\lim\limits_{x\to+\infty}\sin x$;　　(2)$\lim\limits_{x\to\infty}\arctan x$;

(3)$\lim\limits_{x\to 0}\cos\dfrac{1}{x}$;　　(4) $\lim\limits_{x\to+\infty}\mathrm{e}^{-x}$.

3.设 $f(x)=\begin{cases}x^2, & x<1,\\ x+1, & x\geqslant 1.\end{cases}$

(1)作函数 $y=f(x)$的图形;(2)根据图形求极限 $\lim\limits_{x\to 1^-}f(x)$与 $\lim\limits_{x\to 1^+}f(x)$;

(3)当 $x\to1$ 时,$f(x)$有极限吗?

4.计算下列极限:

(1)$\lim\limits_{x\to2}\dfrac{x^2+5}{x-3}$; (2)$\lim\limits_{x\to\sqrt{3}}\dfrac{x^2-3}{x^2+1}$; (3)$\lim\limits_{x\to1}\dfrac{x^2-2x+1}{x^2-1}$;

(4)$\lim\limits_{x\to0}\dfrac{4x^3-2x^2+x}{3x^2+2x}$; (5)$\lim\limits_{h\to0}\dfrac{(x+h)^2-x^2}{h}$; (6)$\lim\limits_{x\to\infty}\left(2-\dfrac{1}{x}+\dfrac{1}{x^2}\right)$;

(7)$\lim\limits_{x\to\infty}\dfrac{x^2-1}{2x^2-x-1}$; (8)$\lim\limits_{x\to\infty}\dfrac{x^2+x}{x^4-3x^2-1}$; (9)$\lim\limits_{x\to4}\dfrac{x^2-6x+8}{x^2-5x+4}$;

(10)$\lim\limits_{x\to\infty}\left(1+\dfrac{1}{x}\right)\left(2-\dfrac{1}{x^2}\right)$; (11)$\lim\limits_{n\to\infty}\left(1+\dfrac{1}{2}+\dfrac{1}{4}+\cdots+\dfrac{1}{2^n}\right)$;

(12)$\lim\limits_{n\to\infty}\dfrac{1+2+3+\cdots+(n-1)}{n^2}$; (13)$\lim\limits_{n\to\infty}\dfrac{(n+1)(n+2)(n+3)}{5n^3}$;

(14)$\lim\limits_{x\to1}\left(\dfrac{1}{1-x}-\dfrac{3}{1-x^3}\right)$; (15)$\lim\limits_{x\to\infty}\dfrac{x^2+1}{1-x^3}(4+\cos x)$.

5.求下列极限:

(1)$\lim\limits_{x\to0}\dfrac{\sin ax}{\sin bx}$ $(b\neq0)$; (2)$\lim\limits_{x\to0}\dfrac{\tan x-\sin x}{x^3}$; (3)$\lim\limits_{x\to0}\dfrac{1-\cos x}{x\sin x}$;

(4)$\lim\limits_{x\to0}\dfrac{2x-\tan x}{\sin x}$; (5)$\lim\limits_{x\to0}\dfrac{\arcsin x}{x}$; (6)$\lim\limits_{n\to\infty}2^n\sin\dfrac{x}{2^n}$($x$ 为不等于零的常数).

6.求下列极限:

(1)$\lim\limits_{x\to\infty}\left(1+\dfrac{2}{x}\right)^x$; (2)$\lim\limits_{t\to\infty}\left(1-\dfrac{1}{t}\right)^t$; (3)$\lim\limits_{x\to\infty}\left(1+\dfrac{1}{x}\right)^{x+3}$;

(4)$\lim\limits_{x\to0}(1+\tan x)^{\cot x}$; (5)$\lim\limits_{x\to\infty}\left(\dfrac{x+a}{x-a}\right)^x$; (6)$\lim\limits_{x\to\infty}\left(\dfrac{x^2+2}{x^2+1}\right)^{x^2+1}$;

(7)$\lim\limits_{x\to\infty}\left(1-\dfrac{1}{n^2}\right)^n$.

7.利用等价无穷小的性质,求下列极限:

(1)$\lim\limits_{x\to0}\dfrac{\sin2x}{\sin3x}$; (2)$\lim\limits_{x\to0}\dfrac{\sin2x}{\arctan x}$;

(3)$\lim\limits_{x\to0}\dfrac{\sin x^n}{(\sin x)^m}$($m$, n 为正整数);(4)$\lim\limits_{x\to0^+}\dfrac{x}{\sqrt{1-\cos x}}$.

8.证明:当 $x\to0$ 时,$\arcsin x\sim x$,$\arctan x\sim x$.

9.研究下列函数的连续性,并画出函数的图形:

(1)$f(x)=\dfrac{x}{x}$; (2)$f(x)=\begin{cases}x^2, & 0\leqslant x\leqslant1,\\ 2-x, & 1<x\leqslant2;\end{cases}$

(3)$f(x)=\begin{cases}x^2, & |x|\leqslant1,\\ x, & |x|>1;\end{cases}$ (4)$\varphi(x)=\begin{cases}|x|, & x\neq0,\\ 1, & x=0.\end{cases}$

10.a 为何值时函数 $f(x)=\begin{cases}e^x, & 0\leqslant x\leqslant1,\\ a+x, & 1<x\leqslant2\end{cases}$ 在[0,2]上连续?

11.求下列极限:

(1)$\lim\limits_{x\to0}\sqrt{x^2-2x+5}$; (2)$\lim\limits_{x\to\frac{\pi}{4}}(\sin2x)^3$; (3)$\lim\limits_{x\to0}\dfrac{\sin5x-\sin3x}{\sin x}$;

(4) $\lim\limits_{x \to a}\dfrac{\sin x-\sin a}{x-a}$；　(5) $\lim\limits_{x \to 0}\dfrac{\ln(1+3x)}{x}$；　(6) $\lim\limits_{x \to 0}\dfrac{\sin x}{x^2+x}$；

(7) $\lim\limits_{x \to 0}\dfrac{\sqrt{x+1}-1}{x}$；　(8) $\lim\limits_{x \to -\infty}(x^3+2x-1)$；　(9) $\lim\limits_{x \to +\infty}\dfrac{\sqrt{x+\sqrt{x+\sqrt{x}}}}{\sqrt{x+1}}$；

(10) $\lim\limits_{x \to 0}\dfrac{\ln(a+x)-\ln a}{x}$.

12. 设 $f(x)$ 在闭区间 $[a,b]$ 上连续，x_1，x_2，…，x_n 是 $[a,b]$ 内的 n 个点，证明：$\exists\xi\in[a,b]$，使得

$$f(\xi)=\frac{f(x_1)+f(x_2)+\cdots+f(x_n)}{n}.$$

第3章　导数与微分

在经济工作和工程技术中，除了要知道变量之间的相互依赖关系以及变量的变化趋势外，常常需要讨论变量之间相对变化的快慢程度，或者要求当自变量发生微小变化时函数改变量的近似值.为了解决这些问题，在本章，我们将在极限理论的基础上，学习函数的导数和微分.

3.1　导数的概念

3.1.1　导数概念的引入

【引例1】　直线运动物体的瞬时速度.

设某物体做变速直线运动，其位移 s 与时间 t 的函数关系为 $s=s(t)$，求物体在某时刻 t_0 的速度.

通常人们说的物体运动速度是指物体在某一段时间内的平均速度.为了求出在某一时刻 $t=t_0$ 的速度，我们考虑在 $t_0\sim t_0+\Delta t$（Δt 可正、可负）时间内的平均速度.这时所运动的路程为

$$\Delta s=s(t_0+\Delta t)-s(t_0),$$

$$\bar{v}=\frac{\Delta s}{\Delta t}=\frac{s(t_0+\Delta t)-s(t_0)}{\Delta t}.$$

当 Δt 很小时，可以用 $\bar{v}$ 近似表示在 t_0 时刻的速度，Δt 越小，精确程度越高.当 $\Delta t\to 0$ 时，如果极限 $\lim\limits_{\Delta t\to 0}\frac{\Delta s}{\Delta t}$ 存在，则称此极限为物体在 t_0 时刻的瞬时速度.即

$$v=v(t_0)=\lim_{\Delta t\to 0}\frac{\Delta s}{\Delta t}=\lim_{\Delta t\to 0}\frac{s(t_0+\Delta t)-s(t_0)}{\Delta t}.$$

【引例2】　平面曲线的切线斜率.

设函数 $y=f(x)$ 的图形如图3-1所示.过定点 $M(x_0,y_0)$ 及动点 $M'(x_0+\Delta x,y_0+\Delta y)$ 的割线 MM' 的斜率为 $\tan\alpha=\frac{\Delta y}{\Delta x}$.当动点 M' 沿曲线无限趋近定点 M 时，割线 MM' 无限接近于直线 MT，我们就把直线 MT 定义为曲线 $y=f(x)$ 在点 M 处的切线.显然，切线 MT 的斜率

$$k=\tan\varphi=\lim_{M'\to M}\tan\alpha=\lim_{\Delta x\to 0}\frac{\Delta y}{\Delta x}$$

$$=\lim_{\Delta x\to 0}\frac{f(x_0+\Delta x)-f(x_0)}{\Delta x}.$$

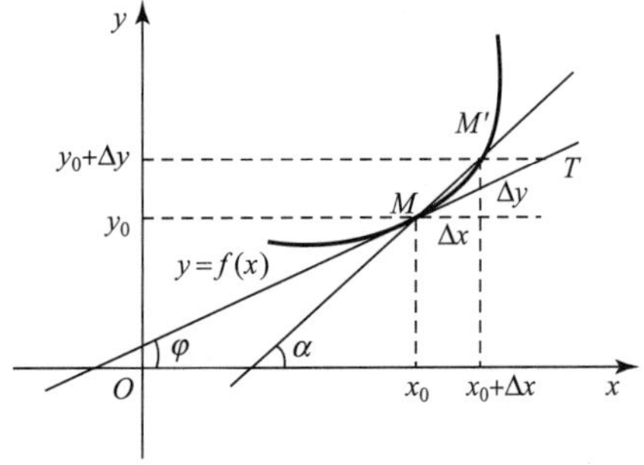

图3-1

【引例 3】 产品成本的变化率.

设某产品的总成本 C 是产量 q 的函数 $C=C(q)$，当产量由 q_0 变到 $q_0+\Delta q$ 时，总成本相应的改变量 $\Delta C=C(q_0+\Delta q)-C(q_0)$. 则当产量增加 Δq 时，总成本的平均变化率为

$$\frac{\Delta C}{\Delta q}=\frac{C(q_0+\Delta q)-C(q_0)}{\Delta q}.$$

当 $\Delta q\to 0$ 时，如果极限 $\lim\limits_{\Delta q\to 0}\frac{\Delta C}{\Delta q}$ 存在，它即为总成本在产量为 q_0 时的变化率，也称为边际成本，即

$$\lim_{\Delta q\to 0}\frac{\Delta C}{\Delta q}=\lim_{\Delta q\to 0}\frac{C(q_0+\Delta q)-C(q_0)}{\Delta q}=A.$$

它表示当产量在 $q=q_0$ 时，每改变一个单位，总成本改变了 A 个单位.

以上实例的具体背景不同，但从抽象的数量关系来看，都可归结为研究一类特殊的极限：即当自变量的改变量趋近于零时，函数的改变量与自变量的改变量之比的极限. 我们把这种极限称为函数的导数.

3.1.2　导数的定义

定义 1　设函数 $y=f(x)$ 在点 x_0 的某个邻域内有定义，当自变量 x 在点 x_0 处取得改变量 Δx 时，函数 y 取得相应的改变量 Δy. 如果极限

$$\lim_{\Delta x\to 0}\frac{\Delta y}{\Delta x}=\lim_{\Delta x\to 0}\frac{f(x_0+\Delta x)-f(x_0)}{\Delta x}$$

存在，则称函数 $f(x)$ 在点 x_0 处**可导**，并把该极限值称为函数 $f(x)$ 在点 x_0 处的**导数**，记为

$$f'(x_0),\ y'\big|_{x=x_0},\ \frac{\mathrm{d}y}{\mathrm{d}x}\bigg|_{x=x_0}\text{ 或 }\frac{\mathrm{d}f(x)}{\mathrm{d}x}\bigg|_{x=x_0}.$$

即

$$f'(x_0)=\lim_{\Delta x\to 0}\frac{f(x_0+\Delta x)-f(x_0)}{\Delta x}. \tag{1}$$

若令 $x=x_0+\Delta x$，当 $\Delta x\to 0$ 时有 $x\to x_0$，则式(1)又可表示为

$$f'(x_0)=\lim_{x\to x_0}\frac{f(x)-f(x_0)}{x-x_0}. \tag{2}$$

若令 $\Delta x=h$，则式(1)还可表示为

$$f'(x_0)=\lim_{h\to 0}\frac{f(x_0+h)-f(x_0)}{h}. \tag{3}$$

式(1)～式(3)都是导数的定义.

定义 2　如果极限 $\lim\limits_{\Delta x\to 0^-}\frac{\Delta y}{\Delta x}$ 存在，则称之为 $f(x)$ 在点 x_0 处的**左导数**，记作 $f'_-(x_0)$，即

$$f'_-(x_0)=\lim_{\Delta x\to 0^-}\frac{\Delta y}{\Delta x}=\lim_{\Delta x\to 0^-}\frac{f(x_0+\Delta x)-f(x_0)}{\Delta x}=\lim_{x\to x_0^-}\frac{f(x)-f(x_0)}{x-x_0}.$$

类似地可以定义函数 $f(x)$ 在点 x_0 处的**右导数**：

$$f'_+(x_0)=\lim_{\Delta x\to 0^+}\frac{\Delta y}{\Delta x}=\lim_{\Delta x\to 0^+}\frac{f(x_0+\Delta x)-f(x_0)}{\Delta x}=\lim_{x\to x_0^+}\frac{f(x)-f(x_0)}{x-x_0}.$$

函数 $f(x)$ 在点 x_0 的左、右导数统称为**单侧导数**.

根据定理及导数的定义容易推得：$f(x)$ 在点 x_0 可导的充要条件是其左、右导数存在且

相等.

这个结论常用来判断分段函数在分段点处是否可导.

定义 3 若函数 $f(x)$在区间(a,b)内的每一点处都可导,则称函数 $f(x)$在区间(a,b)内可导.此时对于区间(a,b)内的每一个 x 的值,都有唯一确定的导数值与之对应,这样就确定了区间(a,b)内的一个函数 $f'(x)$,称之为函数 $f(x)$在区间(a,b)内的**导函数**,简称**导数**,记作

$$f'(x),y',\frac{dy}{dx},\text{或}\frac{df(x)}{dx}.$$

显然,函数 $f(x)$在点 x_0 处的导数 $f'(x_0)$等于导函数 $f'(x)$在点 x_0 处的函数值.

【例 3-1】 求常值函数 $y=C$ 的导数 y'.

解 (1)求增量:因为不论 x 取什么值时,y 都等于C,所以 $\Delta y=C-C=0$;

(2)算比值:$\frac{\Delta y}{\Delta x}=0$;

(3)取极限:$y'=\lim\limits_{\Delta x\to 0}\frac{\Delta y}{\Delta x}=\lim\limits_{\Delta x\to 0}0=0$.

即
$$(C)'=0.$$

例 3-1 给出了用定义求导数的具体步骤.

【例 3-2】 求函数 $y=x^2$ 的导数 y'.

解 根据公式有

$$\begin{aligned}f'(x)&=\lim_{\Delta x\to 0}\frac{f(x+\Delta x)-f(x)}{\Delta x}=\lim_{\Delta x\to 0}\frac{(x+\Delta x)^2-x^2}{\Delta x}\\&=\lim_{\Delta x\to 0}\frac{(\Delta x)^2+2x\Delta x}{\Delta x}=\lim_{\Delta x\to 0}(\Delta x+2x)=2x,\end{aligned}$$

即
$$(x^2)'=2x.$$

同理,推广至 n 次幂函数 $y=x^n$(n 为实数,$x>0$)有导数公式$(x^n)'=nx^{n-1}$.

3.1.3 导数的几何意义

由前面的讨论可知,函数 $f(x)$在点 x_0 处的导数 $f'(x_0)$就是曲线 $y=f(x)$在点$(x_0,f(x_0))$处切线的斜率 k,即 $k=f'(x_0)$.因此,如果 $f'(x_0)$存在,则曲线 $y=f(x)$在点$(x_0,f(x_0))$处的切线和法线方程分别为

切线方程:$y-f(x_0)=f'(x_0)(x-x_0)$;

法线方程:$y-f(x_0)=-\frac{1}{f'(x_0)}(x-x_0)$.

【例 3-3】 求曲线 $y=x^2$ 上点$(2,4)$处的切线和法线方程.

解 由导数定义可知 $y'|_{x=2}=4$,所以切线和法线方程分别是

切线方程:$y-4=4(x-2)$;

法线方程:$y-4=-\frac{1}{4}(x-2)$,

即
$$4x-y-4=0\text{ 和 }x+4y-18=0.$$

3.1.4 可导与连续的关系

定理 1 若函数 $y=f(x)$在点 x_0 处可导,则 $f(x)$在点 x_0 处连续.

证明　由函数 $y=f(x)$ 在点 x_0 处可导，则 $\lim\limits_{\Delta x\to 0}\frac{\Delta y}{\Delta x}=f'(x_0)$，从而有

$$\lim_{\Delta x\to 0}\Delta y=\lim_{\Delta x\to 0}\frac{\Delta y}{\Delta x}\cdot\Delta x=f'(x_0)\times 0=0.$$

即 $y=f(x)$ 在点 x_0 处连续.

注意：函数 $y=f(x)$ 在点 x_0 处连续，但 $f(x)$ 在点 x_0 处不一定可导.

【例 3-4】　讨论函数 $f(x)=\begin{cases}-x, & x<0,\\ x^2, & 0\leqslant x\end{cases}$ 在点 $x=0$ 处的连续性及可导性.

解　(1)因为 $\lim\limits_{x\to 0^-}f(x)=\lim\limits_{x\to 0^-}(-x)=0$，$\lim\limits_{x\to 0^+}f(x)=\lim\limits_{x\to 0^+}x^2=0$，所以 $\lim\limits_{x\to 0}f(x)=0=f(0)$，故 $f(x)$ 在 $x=0$ 处连续.

(2)因为

$$f'_-(0)=\lim_{x\to 0^-}\frac{f(x)-f(0)}{x-0}=\lim_{x\to 0^-}\frac{-x}{x}=-1,$$

$$f'_+(0)=\lim_{x\to 0^+}\frac{f(x)-f(0)}{x-0}=\lim_{x\to 0^+}\frac{x^2}{x}=0,$$

所以 $f'_-(0)\neq f'_+(0)$，故 $f(x)$ 在 $x=0$ 处不可导.

我们用导数的定义推导了常函数 $y=C$ 和幂函数 $y=x^2$ 的导数公式，下面不加证明地给出一些常见函数的求导公式.

(1) $(C)'=0$（C 为常数）；　(2) $(x^n)'=nx^{n-1}$（n 为常数）；

(3) $(a^x)'=a^x\ln a\,(a>0,a\neq 1)$；　(4) $(e^x)'=e^x$；

(5) $(\log_a x)'=\frac{1}{x\ln a}\,(a>0,a\neq 1)$；　(6) $(\ln x)'=\frac{1}{x}$；

(7) $(\sin x)'=\cos x$；　(8) $(\cos x)'=-\sin x$.

习题 3.1

1. 设函数 $f(x)=x^2$，则 $\lim\limits_{x\to 2}\frac{f(x)-f(2)}{x-2}=$（　　）.

(A) $2x$　(B) 2　(C) 1　(D) 4

2. 若 $f\left(\frac{1}{x}\right)=x$，则 $f'(x)=$（　　）.

(A) $\frac{1}{x}$　(B) $-\frac{1}{x}$　(C) $\frac{1}{x^2}$　(D) $-\frac{1}{x^2}$

3. 函数 $f(x)=\sqrt{x}$，在点 $x=1$ 处的切线方程是（　　）.

(A) $2y-x=1$　(B) $2y-x=2$　(C) $y-2x=1$　(D) $y-2x=2$

4. 用导数定义求函数 $f(x)=e^x$ 的导数 $f'(x)$.

5. 讨论函数 $y=|x|$ 在点 $x=0$ 处的可导性.

6. 求曲线 $y=e^x$ 在点 $(1,e)$ 处的切线和法线方程.

7. 设函数 $f(x)=\begin{cases}x^2, & x\leqslant 1,\\ ax+b, & x>1\end{cases}$ 在点 $x=1$ 处可导，问 a,b 分别应取什么值？

3.2 导数的运算法则

在本节,我们将介绍基本初等函数的求导公式和求导法则.借助于这些公式和法则,就能比较方便地求出初等函数的导数.

3.2.1 导数的四则运算

定理 2 设函数 $u=u(x)$,$v=v(x)$在点 x 可导,则它们的和、差、积、商(分母不为零)在点 x 可导,并且

(1)$(u\pm v)'=u'\pm v'$;

(2)$(u\cdot v)'=u'v+uv'$;

(3)$\left(\dfrac{u}{v}\right)'=\dfrac{u'v-uv'}{v^2}(v\neq 0)$.

证明 以下只证明(2),其余的证明留给读者.设 $y=u(x)v(x)$,则

$$\begin{aligned}\Delta y&=u(x+\Delta x)v(x+\Delta x)-u(x)v(x)\\&=u(x+\Delta x)v(x+\Delta x)-u(x)v(x+\Delta x)+u(x)v(x+\Delta x)-u(x)v(x)\\&=[u(x+\Delta x)-u(x)]v(x+\Delta x)+u(x)[v(x+\Delta x)-v(x)],\end{aligned}$$

$$\lim_{\Delta x\to 0}\frac{\Delta y}{\Delta x}=\lim_{\Delta x\to 0}\frac{u(x+\Delta x)-u(x)}{\Delta x}v(x+\Delta x)+\lim_{\Delta x\to 0}u(x)\frac{v(x+\Delta x)-v(x)}{\Delta x}.$$

因为 u、v 可导,故

$$\lim_{\Delta x\to 0}\frac{u(x+\Delta x)-u(x)}{\Delta x}=u'(x),\lim_{\Delta x\to 0}\frac{v(x+\Delta x)-v(x)}{\Delta x}=v'(x),$$

再根据可导与连续的关系得$\lim\limits_{\Delta x\to 0}v(x+\Delta x)=v(x)$,所以

$$\lim_{\Delta x\to 0}\frac{\Delta y}{\Delta x}=u'(x)v(x)+u(x)v'(x),$$

即
$$(u\cdot v)'=u'v+uv'.$$

注意:法则(1),(2)都可以推广到任意有限个函数运算的情形.

例如,设 $u=u(x)$,$v=v(x)$,$w=w(x)$均可导,则有

$$(u+v-w)'=u'+v'-w';$$
$$(uvw)'=u'vw+uv'w+uvw'.$$

在法则(2)中,令 $v(x)=k$(k 为常数),则有 $(ku)'=ku'$.

在法则(3)中,令 $u=1$,则有 $\left(\dfrac{1}{v}\right)'=-\dfrac{1}{v^2}$.

【例 3-5】 求函数 $y=\sin x+x^3-5$ 的导数.

解 $y'=(\sin x+x^3-5)'$

$=(\sin x)'+(x^3)'-(5)'=\cos x+3x^2-0=\cos x+3x^2$.

【例 3-6】 设 $f(x)=3x^4-e^x+5\cos x-1$,求 $f'(x)$及 $f'(0)$.

解 $f'(x)=(3x^4-e^x+5\cos x-1)'$

$=(3x^4)'-(e^x)'+(5\cos x)'-(1)'=12x^3-e^x-5\sin x$.

$f'(0)=(12x^3-e^x-5\sin x)\big|_{x=0}=-1$.

【例 3-7】 求函数 $y=x^3\ln x\cos x$ 的导数.

解　$y'=(x^3\ln x\cos x)'$

$=(x^3)'\ln x\cos x+x^3(\ln x)'\cos x+x^3\ln x(\cos x)'$

$=3x^2\ln x\cos x+x^2\cos x-x^3\ln x\sin x.$

【例 3-8】　求函数 $y=\dfrac{x+1}{x-1}$ 的导数.

解　$y'=\left(\dfrac{x+1}{x-1}\right)'=\dfrac{(x+1)'(x-1)-(x+1)(x-1)'}{(x-1)^2}$

$=\dfrac{(x-1)-(x+1)}{(x-1)^2}=-\dfrac{2}{(x-1)^2}.$

【例 3-9】　求证：$(\tan x)'=\sec^2 x$，$(\cot x)'=-\csc^2 x$.

证明　$y'=(\tan x)'=\left(\dfrac{\sin x}{\cos x}\right)'$

$=\dfrac{(\sin x)'\cos x-\sin x(\cos x)'}{\cos^2 x}=\dfrac{\cos^2 x+\sin^2 x}{\cos^2 x}=\sec^2 x.$

同理可得　$(\cot x)'=-\csc^2 x.$

3.2.2　反函数的导数

至此，我们还没有合适的方法求出三角函数 $\sin x$，$\cos x$，$\tan x$，$\cot x$ 对应的反函数 $\arcsin x$，$\arccos x$，$\arctan x$，$\text{arccot}\,x$ 的导数. 用下面介绍的反函数求导法则就可逐一解决.

设 $x=\varphi(y)$ 是直接函数，在区间 I_y 内单调且连续，那么它的反函数 $y=f(x)$ 在对应的区间 $I_x=\{x\,|\,x=\varphi(y),y\in I_y\}$ 内也是单调、连续的. 若再假定 $x=\varphi(y)$ 在区间 I_y 内可导且在点 $y\in I_y$ 处，$\varphi'(y)\neq 0$，在此假定下，考虑它的反函数 $y=f(x)$ 在对应点 x 处的可导性及导数 $f'(x)$ 与 $\varphi'(y)$ 的关系.

任取 $x\in I_x$，给 x 以增量（$\Delta x\neq 0$，$x+\Delta x\in I_x$），由 $y=f(x)$ 是单调的，可得

$$\Delta y=f(x+\Delta x)-f(x)\neq 0,$$

于是有

$$\frac{\Delta y}{\Delta x}=\frac{1}{\dfrac{\Delta x}{\Delta y}}.$$

因为 $y=f(x)$ 连续，所以当 $\Delta x\to 0$ 时，必有 $\Delta y\to 0$，从而有

$$\lim_{\Delta x\to 0}\frac{\Delta y}{\Delta x}=\lim_{\Delta y\to 0}\frac{1}{\dfrac{\Delta x}{\Delta y}}=\frac{1}{\varphi'(y)}.$$

这说明反函数 $y=f(x)$ 在点 x 处可导，且

$$f'(x)=\frac{1}{\varphi'(y)}.$$

上述结论即为反函数求导法则，简单地说，反函数的导数等于直接函数的导数的倒数.

【例 3-10】　求反正弦函数 $y=\arcsin x$ 的导数.

解　$y=\arcsin x$　$(-1\leqslant x\leqslant 1)$ 是 $x=\sin y$　$\left(-\dfrac{\pi}{2}\leqslant y\leqslant\dfrac{\pi}{2}\right)$ 的反函数，而 $x=\sin y$ 在 $I_y=\left(-\dfrac{\pi}{2},\dfrac{\pi}{2}\right)$ 内单调增加、可导，且

$$(\sin y)'=\cos y>0,$$

所以 $y=\arcsin x$ 在$(-1,1)$内每点都可导，并有

$$y'=(\arcsin x)'=\frac{1}{(\sin y)'}=\frac{1}{\cos y}.$$

在$\left(-\frac{\pi}{2},\frac{\pi}{2}\right)$内，$\cos y=\sqrt{1-\sin^2 y}=\sqrt{1-x^2}$，于是有

$$(\arcsin x)'=\frac{1}{\sqrt{1-x^2}}\quad(-1<x<1),$$

类似地，可求得

$$(\arccos x)'=-\frac{1}{\sqrt{1-x^2}}\quad(-1<x<1),$$

$$(\arctan x)'=\frac{1}{1+x^2},$$

$$(\text{arccot}\, x)'=-\frac{1}{1+x^2}.$$

3.2.3 复合函数的导数

定理 3 若函数 $u=\varphi(x)$在点 x 处可导，函数 $y=f(u)$在相应的点 u 处可导，则复合函数 $y=f[\varphi(x)]$在点 x 处也可导，且有

$$y'_x=y'_u\cdot u'_x，\text{或 } y'_x=f'(u)\varphi'(x)，\text{或 } \frac{dy}{dx}=\frac{dy}{du}\frac{du}{dx}.$$

即复合函数的导数等于函数对中间变量的导数乘以中间变量对自变量的导数.

证明从略.

注意：该法则可推广到多个函数构成的复合函数. 例如，设

$$y=f(u),u=g(v),v=h(x),$$

则

$$\frac{dy}{dx}=\frac{dy}{du}\cdot\frac{du}{dv}\cdot\frac{dv}{dx}.$$

【例 3-11】 求函数 $y=(1+2x)^{-30}$的导数.

解 设 $y=u^{-30}$，$u=1+2x$，则

$$y'=(u^{-30})'_u(1+2x)'_x=-30u^{-30-1}\times 2=-60\,(1+2x)^{-31}.$$

【例 3-12】 求函数 $y=\ln\cos x$ 的导数.

解 设 $y=\ln u$，$u=\cos x$，则

$$y'=(\ln u)'_u(\cos x)'_x=\frac{1}{u}(-\sin x)=\frac{-\sin x}{\cos x}=-\tan x.$$

【例 3-13】 证明$(x^{\mu})'=\mu x^{\mu-1}$（μ 任意常数，$x>0$）.

证明 由对数的性质知 $x^{\mu}=e^{\mu\ln x}$，设 $y=e^u$，$u=\mu\ln x$，则

$$(x^{\mu})'=(e^u)'_u\cdot(\mu\ln x)'_x=e^u\cdot\mu\cdot\frac{1}{x}=e^{\mu\ln x}\cdot\frac{\mu}{x}=\mu x^{\mu-1}.$$

【例 3-14】 求函数 $y=\tan\sqrt{1-2x^2}$ 的导数.

解 设 $y=\tan u$，$u=\sqrt{v}$，$v=1-2x^2$，则

$$y'=(\tan u)'_u\cdot(\sqrt{v})'_v\cdot(1-2x^2)'_x=\sec^2 u\cdot\frac{1}{2}v^{-\frac{1}{2}}\cdot(-4x)$$

$$=-\frac{2x}{\sqrt{1-2x^2}}\sec^2\sqrt{1-2x^2}.$$

求复合函数导数的关键在于搞清函数复合过程，认清中间变量.从外向里，逐层求导，不要遗漏，也不要重复.熟练掌握求导法则之后，各中间变量可以不写出.

【例 3-15】 设 $y=\sqrt[3]{1+\ln^2 x}$，求 y'.

解 $y'=\frac{1}{3}(1+\ln^2 x)^{\frac{1}{3}-1}(1+\ln^2 x)'=\frac{1}{3}(1+\ln^2 x)^{-\frac{2}{3}}\cdot 2\ln x(\ln x)'$

$$=\frac{2}{3}\frac{\ln x}{x}(1+\ln^2 x)^{-\frac{2}{3}}.$$

【例 3-16】 设 $y=\frac{x\sin 2x}{x^2+1}$，求 $y'(\pi)$.

解 $y'=\frac{(\sin 2x+2x\cos 2x)(x^2+1)-2x^2\sin 2x}{(x^2+1)^2}$

$$=\frac{(1-x^2)\sin 2x+2x(x^2+1)\cos 2x}{(x^2+1)^2}.$$

所以 $y'(\pi)=\frac{2\pi}{\pi^2+1}$.

3.2.4 隐函数的导数

若变量 y 与 x 之间的函数关系是由二元方程 $F(x,y)=0$ 确定的，则称此函数 $y=y(x)$ 是由方程 $F(x,y)=0$ 确定的**隐函数**.

例如，由方程 $x\sin x-y+5=0$ 可确定一个隐函数，其显式为 $y=x\sin x+5$.

一般地，由二元方程 $F(x,y)=0$ 确定的隐函数难以写出其显式.例如

$$xe^y-y+\ln x=0 \quad 或\ x^2+xy^2+\sin(x+y)=0$$

确定的隐函数 y 就难以写出表达式 $y=y(x)$.

求隐函数的导数，可不必具体写出其显式.

隐函数求导法则 设由方程 $F(x,y)=0$ 确定的隐函数为 $y=y(x)$.那么求 y' 的步骤为：

①在方程 $F(x,y)=0$ 两端对 x 求导，其中将 y 视为 x 的函数；

②从得到的等式中解出 y'.

【例 3-17】 求由方程 $xe^y-y+1=0$ 所确定的隐函数的导数 y'.

解 方程两边对 x 求导，注意方程中的 y 是 x 的函数，由复合函数求导法得

$$e^y+xe^y y'-y'=0，所以\ y'=\frac{e^y}{1-xe^y}.$$

从上面隐函数求导的步骤可以看出，隐函数的求导法则实质上是复合函数求导法的应用.求出的导函数 y' 的表达式中允许保留 y.

【例 3-18】 求曲线 $x^2+2xy-y^2=2x$ 在点 $x=2$ 处的切线方程.

解 方程 $x^2+2xy-y^2=2x$ 两边对 x 求导得：

$$2x+2y+2xy'-2yy'=2，y'=\frac{1-x-y}{x-y}.$$

将 $x=2$ 代入原方程，得曲线上的两点(2,0)和(2,4).再将两点的坐标分别代入上式得切线斜率

$$k_1=y'|_{(2,0)}=-\frac{1}{2},\qquad k_2=y'|_{(2,4)}=\frac{5}{2}.$$

从而求得曲线在点(2,0)和(2,4)处的切线方程分别是

$$y=-\frac{1}{2}x+1\qquad 和\ y=\frac{5}{2}x-1.$$

3.2.5 对数求导法

有些函数直接求导是很繁杂的，但若先在等式两边同取对数，变成隐函数，再利用隐函数求导法求导数，则可使求导问题变得容易，这种求导方法叫对数求导法. 一般地，幂指函数 $y=[u(x)]^{v(x)}$ 以及函数式出现多因子之积(商)，可以用对数求导法来求导.

【例 3-19】 求 $y=x^{\sin x}(x>0)$的导数.

解 两边取对数，得

$$\ln y=\sin x\cdot\ln x,$$

上式两边对 x 求导，得

$$\frac{1}{y}y'=\cos x\cdot\ln x+\sin x\cdot\frac{1}{x},$$

于是
$$y'=y\left(\cos x\cdot\ln x+\sin x\cdot\frac{1}{x}\right)=x^{\sin x}\left(\cos x\cdot\ln x+\frac{\sin x}{x}\right).$$

注：也可以先利用公式 $e^{\ln N}=N$，把 $y=x^{\sin x}$ 变成 $y=e^{\ln x^{\sin x}}=e^{\sin x\ln x}$，再根据复合函数的求导法则求其导数.

【例 3-20】 求函数 $y=\sqrt{\frac{(x-1)(x-2)}{(x-3)(x-4)}}(x>4)$的导数.

解 两边取对数，得

$$\ln y=\frac{1}{2}[\ln(x-1)+\ln(x-2)-\ln(x-3)-\ln(x-4)],$$

上式两边对 x 求导，得

$$\frac{1}{y}y'=\frac{1}{2}\left(\frac{1}{x-1}+\frac{1}{x-2}-\frac{1}{x-3}-\frac{1}{x-4}\right),$$

于是
$$y'=\frac{y}{2}\left(\frac{1}{x-1}+\frac{1}{x-2}-\frac{1}{x-3}-\frac{1}{x-4}\right)$$
$$=\frac{1}{2}\sqrt{\frac{(x-1)(x-2)}{(x-3)(x-4)}}\left(\frac{1}{x-1}+\frac{1}{x-2}-\frac{1}{x-3}-\frac{1}{x-4}\right).$$

3.2.6 导数的基本公式

首先，我们不加证明地给出全部基本初等函数的求导公式.

(1)$(C)'=0$(C 为常数)；　　(2)$(x^n)'=nx^{n-1}$(n 为常数)；

(3)$(a^x)'=a^x\ln a(a>0,a\neq1)$；　　(4)$(e^x)'=e^x$；

(5)$(\log_a x)'=\frac{1}{x\ln a}(a>0,a\neq1)$；　　(6)$(\ln x)'=\frac{1}{x}$；

(7)$(\sin x)'=\cos x$；　　(8)$(\cos x)'=-\sin x$；

(9)$(\tan x)'=\sec^2 x=\frac{1}{\cos^2 x}$；　　(10)$(\cot x)'=-\csc^2 x=-\frac{1}{\sin^2 x}$；

(11) $(\sec x)'=\sec x\tan x$；　(12) $(\csc x)'=-\csc x\cot x$；

(13) $(\arcsin x)'=\dfrac{1}{\sqrt{1-x^2}}$；　(14) $(\arccos x)'=-\dfrac{1}{\sqrt{1-x^2}}$；

(15) $(\arctan x)'=\dfrac{1}{1+x^2}$；　(16) $(\mathrm{arccot}\, x)'=-\dfrac{1}{1+x^2}$.

以上公式不仅是求函数导数的基本公式，而且是求函数的微分和积分的基础.

3.2.7　高阶导数

【引例 4】　物体做变速直线运动，运动规律为 $s=s(t)$，其瞬时速度 $v=s'(t)$. 根据物理学知识，速度对时间 t 的变化率就是加速度 $a(t)$. 即 $a(t)$ 是 $v(t)$ 对时间 t 的导数：

$$a(t)=v'(t)=[v(t)]'.$$

于是，加速度 $a(t)$ 是路程函数 $s(t)$ 对 t 的导数的导数. 称为 $s(t)$ 对 t 的二阶导数.

定义 4　如果函数 $y=f(x)$ 的导函数 $f'(x)$ 在点 x 可导，即极限

$$\lim_{\Delta x\to 0}\frac{f'(x+\Delta x)-f'(x)}{\Delta x}$$

存在，则称此极限为函数 $f(x)$ 在点 x 处的**二阶导数**，记为

$$f''(x),y'',\frac{\mathrm{d}^2 y}{\mathrm{d}x^2}\text{或}\frac{\mathrm{d}^2 f}{\mathrm{d}x^2}.$$

类似地，二阶导数 $f''(x)$ 在点 x 处的导数称为**三阶导数**，记为 $f'''(x)$，y''' 或 $\dfrac{\mathrm{d}^3 y}{\mathrm{d}x^3}$；三阶导数 $f'''(x)$ 在点 x 处的导数称为**四阶导数**，记为 $f^{(4)}(x)$，$y^{(4)}$ 或 $\dfrac{\mathrm{d}^4 y}{\mathrm{d}x^4}$ 等.

一般地，如果 $y=f(x)$ 的 $(n-1)$ 阶导数 $f^{(n-1)}(x)$ 的导数存在，则称 $f(x)$ 的 $(n-1)$ 阶导数的导数为 $f(x)$ 的 **n 阶导数**，记为 $f^{(n)}(x)$，$y^{(n)}$，$\dfrac{\mathrm{d}^n y}{\mathrm{d}x^n}$ 或 $\dfrac{\mathrm{d}^n f}{\mathrm{d}x^n}$.

注意：如果函数 $f(x)$ 在点 x 处具有 n 阶导数，那么 $f(x)$ 在点 x 的某一邻域内必定具有一切低于 n 阶的导数. 二阶或二阶以上的导数统称为**高阶导数**.

【例 3-21】　求下列函数的二阶导数：

(1) $y=2x^2+x-5$；　(2) $y=\ln(1-x^2)$；　(3) $y=x\sin x$.

解　(1) $y'=4x+1$，$y''=4$；

(2) $y'=-\dfrac{2x}{1-x^2}$，$y''=-\dfrac{2(1-x^2)-2x(-2x)}{(1-x^2)^2}=-\dfrac{2(x^2+1)}{(1-x^2)^2}$；

(3) $y'=\sin x+x\cos x$，$y''=2\cos x-x\sin x$.

【例 3-22】　已知 $y=\arctan 2x$，求 $y''(1)$.

解　$y'=\dfrac{2}{1+4x^2}$，$y''=-\dfrac{16x}{(1+4x^2)^2}$. $y''(1)=\left(-\dfrac{16x}{(1+4x^2)^2}\right)\Bigg|_{x=1}=-\dfrac{16}{25}$.

【例 3-23】　求由方程 $x^2+y^2=R^2$ 确定的隐函数 $y=y(x)$ 的二阶导数 y''.

解　在 $x^2+y^2=R^2$ 两边对 x 求导，得 $2x+2yy'=0$，于是 $y'=-\dfrac{x}{y}$. 进一步有

$$y''=\left(-\frac{x}{y}\right)'_x=-\frac{y-xy'}{y^2}=-\frac{y-x\left(-\frac{x}{y}\right)}{y^2}=-\frac{R^2}{y^3}.$$

【例 3-24】 求由方程 $y=\sin(x+y)$ 确定的隐函数 $y=y(x)$ 的二阶导数 y''.

解 在 $y=\sin(x+y)$ 两边对 x 连续求导两次,得

$$y'=\cos(x+y)\cdot(1+y'),$$

$$y''=-\sin(x+y)(1+y')^2+y''\cos(x+y).$$

从上述二式分别解出 y' 和 y'' 有

$$y'=\frac{\cos(x+y)}{1-\cos(x+y)},y''=\frac{\sin(x+y)}{\cos(x+y)-1}(1+y')^2.$$

将前式代入后式得

$$y''=\frac{\sin(x+y)}{[\cos(x+y)-1]^3}.$$

注意:求隐函数的二阶导数,例 3-21 和例 3-22 给出了两种不同解法,请读者细心体会.

【例 3-25】 求函数 $y=\frac{1}{x}$ 的 n 阶导数 $y^{(n)}$.

解 $y'=-x^{-2},y''=(-1)(-2)x^{-3},y'''=(-1)(-2)(-3)x^{-4},\cdots$,一般地

$$\left(\frac{1}{x}\right)^{(n)}=(-1)^n n!\ x^{-(n+1)}.$$

习题 3.2

1. 曲线 $y=\frac{1}{2}(x+\sin x)$ 在 $x=0$ 处的切线方程为(　　).

(A) $y=x$　　(B) $y=-x$　　(C) $y=x-1$　　(D) $y=-x-1$

2. 若 $f(x)=e^{-x}\cos x$,则 $f'(0)=$(　　).

(A) 2　　(B) 1　　(C) -1　　(D) -2

3. 若 $y=(x-1)x(x+1)(x+2)$,则 $y'(0)=$(　　).

(A) 0　　(B) -2　　(C) 1　　(D) 2

4. 若 $f(x)=\cos(x^2)$,则 $f'(x)=$(　　).

(A) $\sin(x^2)$　　(B) $2x\sin(x^2)$　　(C) $-\sin(x^2)$　　(D) $-2x\sin(x^2)$

5. 若 $f(x)=\sin x+a^3$,其中 a 是常数,则 $f''(x)=$(　　).

(A) $\cos x+3a^2$　　(B) $\sin x+6a$　　(C) $-\sin x$　　(D) $\cos x$

6. 若 $f(x)=x\cos x$,则 $f''(x)=$(　　).

(A) $\cos x+x\sin x$　　(B) $\cos x-x\sin x$　　(C) $-2\sin x-x\cos x$　　(D) $2\sin x+x\cos x$

7. 求下列函数的导数:

(1) $y=\sqrt{x}+\sin x+5$;　　(2) $y=\sqrt{x}\sin x$;

(3) $y=5\log_2 x-2x^4$;　　(4) $y=\sec x+2^x+x^3$;

(5) $y=(2x^2-3)^2$;　　(6) $y=\tan(3x+2)$;

(7) $y=\sin^3\frac{x}{3}$;　　(8) $y=(x\cot x)^2$;

(9) $y=\frac{1}{\sqrt{1+x^2}}$;　　(10) $y=\frac{2a^3}{x^4-a^4}$;

(11) $y=\frac{3\tan\ln x}{x\cos^2\ln x}$;　　(12) $\frac{1}{x\ln x\cdot\ln(\ln x)}$;

(13) $y=e^{\sqrt{1-\sin x}}$；　　(14) $y=\frac{x^2-2x+1}{x}$；

(15) $y=x\ln x+\sin\frac{\pi}{4}$；　　(16) $y=\sqrt{x\cdot\sqrt{x}}$.

8. 已知函数 $y=y(x)$ 由方程 $xy+\ln y=1$ 确定，试求 y'.

9. 求由下列方程所确定的隐函数的导数 y'：

(1) $xy+3x^2-5y-7=0$；　　(2) $xy=e^{x+y}$.

10. 求 $y=a_0x^n+a_1x^{n-1}+\cdots+a_{n-1}x+a_n$ 的 n 阶导数 $y^{(n)}$.

11. 利用对数求导法求下列函数的导数：

(1) $y=x\sqrt{\frac{1-x}{1+x}}$；　　(2) $y=(\cos x)^x$.

3.3 微　分

3.3.1 微分概念的引例

【引例 5】 一块正方形金属薄片受温度变化的影响，边长 x 由 x_0 变到 $x_0+\Delta x$（如图3-2），其薄片面积 $A=x^2$ 的改变量

$$\Delta A=(x_0+\Delta x)^2-x_0^2=2x_0\Delta x+(\Delta x)^2.$$

从此式可以看出，ΔA 分成两部分：

第一部分 $2x_0\Delta x$，它是 Δx 的线性函数，并且 $2x_0\Delta x=A'(x_0)\Delta x$；

第二部分 $(\Delta x)^2$，当 $\Delta x\to 0$ 时，是比 Δx 高阶的无穷小量.

由此可见，当边长的改变量 Δx 很微小，即 $|\Delta x|$ 很小时，面积的改变量可由第一部分近似代替：

$$\Delta A\approx A'(x_0)\Delta x.$$

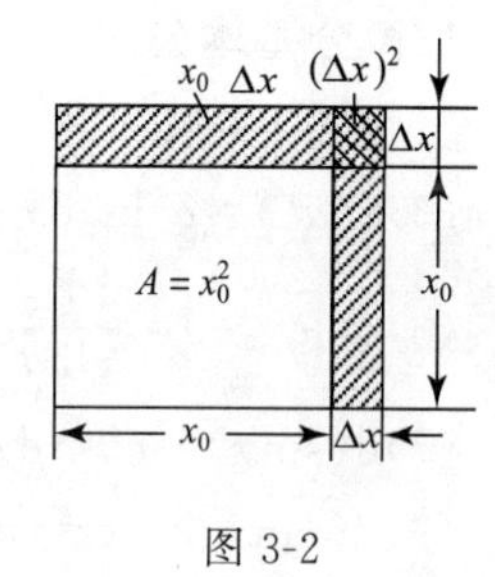

图 3-2

这个结果 $A'(x_0)\Delta x$ 就是通常所说的函数的微分.

3.3.2 微分的定义

若函数 $y=f(x)$ 在点 x_0 处可导，则称 $f'(x_0)\Delta x$ 为函数 y 在点 x_0 处的**微分**，记作 dy，即

$$dy=f'(x_0)\Delta x.$$

若函数 $y=f(x)$ 在点 x_0 有微分，就称函数 y 在点 x_0 **可微**. 函数 $y=f(x)$ 在任意点 x 的微分称作**函数的微分**，记为 dy，即

$$dy=f'(x)\Delta x.$$

由微分的定义可知，自变量 x 的微分 $dx=(x)'\cdot\Delta x=\Delta x$，所以上式又写成

$$dy=f'(x)dx. \tag{1}$$

根据式(1)，得到 $f'(x)=\frac{dy}{dx}$，说明函数的导数 $f'(x)$ 是函数微分 dy 与自变量微分 dx 之商. 所以，导数也称为**微商**.

根据微分的定义可知：函数可微与可导是等价的.

【例 3-26】 求函数 $y=x^3$ 在 $x=2$，$\Delta x=0.02$ 时的增量 Δy 与微分 dy.

解 $\Delta y=y(2+0.02)-y(2)=2.02^3-2^3=0.242408$；

$$dy\big|_{\substack{x=2\\ \Delta x=0.02}}=f'(x)\Delta x\big|_{\substack{x=2\\ \Delta x=0.02}}=3x^2\Delta x\big|_{\substack{x=2\\ \Delta x=0.02}}=3\times 2^2\times 0.02=0.24.$$

【例 3-27】 求函数 $y=xe^x$ 的微分.

解 $dy=(xe^x)'dx=e^x(x+1)dx$.

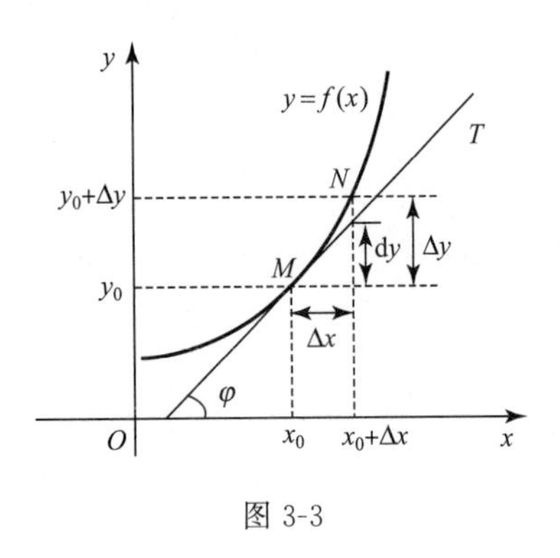

图 3-3

3.3.3 微分的几何意义

如图 3-3 所示，点 $M(x_0,y_0)$ 为曲线 $y=f(x)$ 上的点，由微分的定义

$$dy=f'(x_0)\Delta x=\tan\varphi\Delta x,$$

因此，当 Δy 是点 M 的纵坐标增量时，dy 就是曲线 $y=f(x)$ 在点 M 处的切线上点的纵坐标的相应增量. 当 $|\Delta x|$ 很小时，$|\Delta y-dy|$ 比 $|\Delta x|$ 小得多，因此在点 M 邻近，我们可以用切线段来近似代替曲线段.

3.3.4 微分的基本公式

设 $y=f(x)$ 在点 x 处可微，则 $dy=f'(x)dx$，即求微分 dy，只要求出导数 $f'(x)$ 再乘以 dx 即可. 由前面所学的求导公式和法则可推出微分基本公式和运算法则.

1. 微分基本公式

(1) $d(C)=0$； (2) $d(x^\mu)=\mu x^{\mu-1}dx$；

(3) $d(a^x)=a^x\ln a\,dx$； (4) $d(e^x)=e^x dx$；

(5) $d(\log_a x)=\dfrac{1}{x\ln a}dx$； (6) $d(\ln x)=\dfrac{1}{x}dx$；

(7) $d(\sin x)=\cos x\,dx$； (8) $d(\cos x)=-\sin x\,dx$；

(9) $d(\tan x)=\sec^2 x\,dx$； (10) $d(\cot x)=-\csc^2 x\,dx$；

(11) $d(\sec x)=\sec x\tan x\,dx$； (12) $d(\csc x)=-\csc x\cot x\,dx$；

(13) $d(\arcsin x)=\dfrac{1}{\sqrt{1-x^2}}dx$； (14) $d(\arccos x)=-\dfrac{1}{\sqrt{1-x^2}}dx$；

(15) $d(\arctan x)=\dfrac{1}{1+x^2}dx$； (16) $d(\text{arccot}\,x)=-\dfrac{1}{1+x^2}dx$.

2. 函数的和、差、积、商的微分运算法则

(1) $d(u\pm v)=du\pm dv$； (2) $d(uv)=vdu+udv$；

(3) $d(ku)=kdu$（k 是常数）； (4) $d\left(\dfrac{u}{v}\right)=\dfrac{vdu-udv}{v^2}\quad(v\neq 0)$.

3. 复合函数的微分法则

设函数 $y=f(u)$ 可微，那么

$$dy=f(u)du. \tag{2}$$

若函数 $u=\varphi(x)$ 也可微，则复合函数 $y=f[\varphi(x)]$ 的微分为

$$dy=y'_x dx=f'(u)\varphi'(x)dx. \tag{3}$$

由于 $\varphi'(x)dx=du$，所以式(3)可写为式(2). 由此可见，不管 u 是自变量还是中间变量，微分形式 $dy=f'(u)du$ 保持不变. 这个性质叫作**一阶微分形式不变性**.

【例 3-28】 设 $y=e^{\sin^2 x}$，求 dy.

解　法(一)用微分定义.

函数 y 的导数 $y'=\sin 2x e^{\sin^2 x}$，所以 $dy=y'dx=\sin 2x e^{\sin^2 x}dx$.

法(二)利用一阶微分形式不变性.

$$\begin{aligned} dy &= de^{\sin^2 x}=e^{\sin^2 x}d\sin^2 x=e^{\sin^2 x}\cdot 2\sin x d\sin x \\ &= e^{\sin^2 x}\cdot 2\sin x\cos x dx=\sin 2x e^{\sin^2 x}dx. \end{aligned}$$

【例 3-29】 设隐函数 $y=y(x)$ 由方程 $y^3=xy+2x^2+y^2-2$ 确定，试求 dy.

解　在 $y^3=xy+2x^2+y^2-2$ 两端微分，

$$dy^3=d(xy)+d(2x^2)+dy^2-d(2),$$
$$3y^2dy=ydx+xdy+4xdx+2ydy,$$

整理，得

$$dy=\frac{y+4x}{3y^2-2y-x}dx.$$

注意：利用微分形式不变性，计算隐函数的导数(或微分)有它的方便之处，我们可以不必认定谁是自变量谁是函数，而只需分清谁是变量谁是常量.

3.3.5　微分在近似计算上的应用

微分概念起源于求函数增量的近似值，因此，有必要介绍微分在近似计算上的应用.

1. 利用微分计算函数增量的近似值

前面已经学过，当函数在点 x_0 处的导数不为零，且 Δx 很小时，我们可得近似计算公式

$$\Delta y\approx dy, \tag{2.26}$$

利用上述公式可以求函数增量的近似值.

【例 3-30】 一批半径为 1 cm 的球，为了提高球面的光洁度，要镀一层铜，厚度为 0.01 cm，试估计每只球需用多少克铜？(铜的密度为 8.9 g/cm^3).

解　为了求出镀铜的质量，应该先求出镀铜的体积.

而镀铜的体积等于镀铜后与镀铜前两者体积之差，也就是球体积 $v=\frac{4\pi}{3}R^3$. 当半径 $R=1$ cm，半径改变 $\Delta R=0.01$ cm 时的增量.

因为
$$v'=\left(\frac{4\pi}{3}R^3\right)'=4\pi R^2,$$

所以

$$\Delta y\approx dv=v'\Big|_{\substack{R=1\\ \Delta R=0.01}}dR=4\pi R^2\Delta R\Big|_{\substack{R=1\\ \Delta R=0.01}}\approx 4\times 3.14\times 1\times 0.01\approx 0.13(cm^3),$$

因此镀每个球需用铜约为

$$W=0.13\times 8.9=1.16g.$$

2. 利用微公计算函数值的近似值

当 Δx 很小时，由 $\Delta y=f(x_0+\Delta x)-f(x_0)\approx f'(x_0)dx$，

得近似计算公式
$$f(x_0+\Delta x)\approx f(x_0)+f'(x_0)dx \tag{2.27}$$

【例 3-31】 计算 arctan1.05 的近似值.

解　不妨设 $f(x)=\arctan x$，

则 $$f'(x)=\frac{1}{1+x^2},$$

此时设 $x_0=1,\Delta x=0.05$,

则由 $f(x_0+\Delta x)\approx f(x_0)+f'(x)dx$,

得 $$\arctan1.05=\arctan(1+0.05)\approx\arctan1+\frac{1}{1+1}\times0.05\approx0.8104.$$

特别地,在公式(2.27)中,如果 $x_0=0$ 时,由于 $\Delta x=x-x_0=x$,当 $|x|$ 很小时,有

$$f(x)\approx f(0)+f'(0)x. \tag{2.28}$$

【例 3-32】 $|x|$ 很小时,证明 $e^x\approx1+x$.

证明 设函数 $f(x)=e^x$,

则 $f'(x)=e^x$,

则 $f(0)=e^0=1,f'(0)=e^0=1.$

由 $f(x)\approx f(0)+f'(0)x$,

得 $e(x)\approx1+x.$

类似地,利用上述公式可以推出下列常用的近似计算公式

(1) $\sin x\approx x$.

(2) $\tan x\approx x$.

(3) $\sqrt[n]{1+x}\approx1+\frac{1}{n}x$. (2.29)

(4) $\ln(1+x)\approx x$.

注意:$|x|$ 很小,且公式(1)、(2)中 x 的单位为弧度.

利用上述公式可以方便地计算出

$$e^{-0.02}\approx1+(-0.02)=0.98.$$

$$\sin1'=\sin\left(\frac{1}{60}\times\frac{\pi}{180}\right)\approx\frac{\pi}{10800}\approx0.0003$$

$$\sqrt[5]{0.95}=\sqrt[5]{1+(-0.05)}\approx1+\frac{1}{5}\times(-0.05)=0.99$$

习题 3.3

1. 设 $y=\lg2x$,则 $dy=$( ).

(A) $\frac{1}{2x}dx$　(B) $\frac{1}{x\ln10}dx$　(C) $\frac{\ln10}{x}dx$　(D) $\frac{1}{x}dx$

2. 设 $y=f(x)$ 是可微函数,则 $df(\cos2x)=$( ).

(A) $2f'(\cos2x)dx$　(B) $f'(\cos2x)\sin2xd2x$

(C) $2f'(\cos2x)\sin2xdx$　(D) $-f'(\cos2x)\sin2xd2x$

3. 已知函数 $y=\ln(1+2x)$,求

(1)在 $x_0=1$ 的微分;(2)当 $x_0=1,\Delta x=0.003$ 时的微分.

4. 求下列函数的微分:

(1) $y=x^2+3\tan x+e^x$;　(2) $y=e^x\cos x$;

(3) $y=\frac{\sin x}{1+x^2}$;　(4) $y=\frac{1}{2}\arcsin(2x)$;

(5)$y=\ln^2(1-x)$；　　(6)$y=x^2e^{2x\sin x}$.

5.求下列方程所确定隐函数 $y=y(x)$ 或 $x=x(y)$ 的微分：

(1)$\frac{x^2}{a^2}+\frac{y^2}{b^2}=1$；　　(2)$\cos(xy)=x^2y^2$.

6.由方程 $\cos(x+y)+e^y=x$ 确定 y 是 x 的隐函数，求 dy.

7.利用微分求近似值.

(1)$y=\arctan 1.02$；　　(2)$y=\sqrt[6]{65}$；

(3)$y=\sin 29.9^0$；　　(4)$y=\ln 1.01$.

8.水管壁的横截面是一个圆环，设它的内半径为 R_0，壁厚为 h，试利用微分来计算这个圆环面积的近似值.

9.一底半径为 5cm 的直圆锥体，底半径与高相等，直圆锥体受热膨胀，在膨胀过程中其高和底半径的膨胀率相等，为提高直圆锥体表面的光洁度，要镀一层铜，厚度为 0.01cm，试估计每只直圆锥体需用多少克铜？（铜的密度为 8.9g/cm^2）.

本章小结

1　导数定义

函数 $y=f(x)$在点 x_0 的某个邻域内有定义，当自变量 x 在点 x_0 处取得改变量 Δx 时，函数 y 取得相应的改变量 Δy. 如果极限$\lim\limits_{\Delta x\to 0}\frac{\Delta y}{\Delta x}=\lim\limits_{\Delta x\to 0}\frac{f(x_0+\Delta x)-f(x_0)}{\Delta x}$存在，则称函数 $f(x)$在点 x_0 处**可导**，并把该极限值称为函数 $f(x)$ 在点 x_0 处的**导数**，即 $f'(x_0)=\lim\limits_{\Delta x\to 0}\frac{f(x_0+\Delta x)-f(x_0)}{\Delta x}$.

2　单侧导数

$$f'_-(x_0)=\lim_{\Delta x\to 0^-}\frac{\Delta y}{\Delta x}=\lim_{\Delta x\to 0^-}\frac{f(x_0+\Delta x)-f(x_0)}{\Delta x}=\lim_{x\to x_0^-}\frac{f(x)-f(x_0)}{x-x_0}.$$

$$f'_+(x_0)=\lim_{\Delta x\to 0^+}\frac{\Delta y}{\Delta x}=\lim_{\Delta x\to 0^+}\frac{f(x_0+\Delta x)-f(x_0)}{\Delta x}=\lim_{x\to x_0^+}\frac{f(x)-f(x_0)}{x-x_0}.$$

根据定理及导数的定义容易推得：$f(x)$在点 x_0 可导的充要条件是其左、右导数存在且相等.

3　导数的几何意义

函数 $f(x)$在点 x_0 处的导数 $f'(x_0)$就是曲线 $y=f(x)$在点$(x_0,f(x_0))$处切线的斜率 k，即$k=f'(x_0)$.

4　可导与连续的关系

函数 $y=f(x)$在点 x_0 处可导，则 $f(x)$在点 x_0 处连续.

5　导数的四则运算

函数 $u=u(x)$，$v=v(x)$在点 x 可导，则它们的和、差、积、商(分母不为零)在点 x 可导，并且

(1)$(u\pm v)'=u'\pm v'$；

(2)$(u\cdot v)'=u'v+uv'$；

(3) $\left(\dfrac{u}{v}\right)'=\dfrac{u'v-uv'}{v^2}(v\neq 0)$.

6　反导数的求导法则

反函数的导数等于直接函数的导数的倒数

$$f'(x)=\frac{1}{\varphi'(y)}.$$

(7)隐函数求导法则

设由方程 $F(x,y)=0$ 确定的隐函数为 $y=y(x)$. 那么求 y' 的步骤为：

(1)在方程 $F(x,y)=0$ 两端对 x 求导，其中将 y 视为 x 的函数；

(2)从得到的等式中解出 y'.

8　基本初等函数的求导公式

(1) $(C)'=0$（C 为常数）；

(2) $(x^n)'=nx^{n-1}$（n 为常数）；

(3) $(a^x)'=a^x\ln a(a>0,a\neq 1)$；

(4) $(e^x)'=e^x$；

(5) $(\log_a x)'=\dfrac{1}{x\ln a}(a>0,a\neq 1)$；

(6) $(\ln x)'=\dfrac{1}{x}$；

(7) $(\sin x)'=\cos x$；

(8) $(\cos x)'=-\sin x$；

(9) $(\tan x)'=\sec^2 x=\dfrac{1}{\cos^2 x}$；

(10) $(\cot x)'=-\csc^2 x=-\dfrac{1}{\sin^2 x}$；

(11) $(\sec x)'=\sec x\tan x$；

(12) $(\csc x)'=-\csc x\cot x$；

(13) $(\arcsin x)'=\dfrac{1}{\sqrt{1-x^2}}$；

(14) $(\arccos x)'=-\dfrac{1}{\sqrt{1-x^2}}$；

(15) $(\arctan x)'=\dfrac{1}{1+x^2}$；

(16) $(\text{arccot}\, x)'=-\dfrac{1}{1+x^2}$.

9　微分定义

若函数 $y=f(x)$ 在点 x_0 处可导，则称 $f'(x_0)\Delta x$ 为函数 y 在点 x_0 处的微分，记作 dy，即 $dy=f'(x_0)\Delta x$.

10　微分基本公式

(1) $d(C)=0$；

(2) $d(x^\mu)=\mu x^{\mu-1}dx$；

(3) $d(a^x)=a^x\ln a\,dx$；

(4) $d(e^x)=e^x dx$；

(5) $d(\log_a x)=\dfrac{1}{x\ln a}dx$；

(6) $d(\ln x)=\dfrac{1}{x}dx$；

(7) $d(\sin x)=\cos x\,dx$；

(8) $d(\cos x)=-\sin x\,dx$；

(9) $d(\tan x)=\sec^2 x\,dx$；

(10) $d(\cot x)=-\csc^2 x\,dx$；

(11) $d(\sec x)=\sec x\tan x\,dx$；

(12) $d(\csc x)=-\csc x\cot x\,dx$；

(13) $d(\arcsin x)=\dfrac{1}{\sqrt{1-x^2}}dx$；

(14) $d(\arccos x)=-\dfrac{1}{\sqrt{1-x^2}}dx$；

(15) $d(\arctan x)=\dfrac{1}{1+x^2}dx$；

(16) $d(\text{arccot}\, x)=-\dfrac{1}{1+x^2}dx$.

11　微分的和、差、积、商的运算法则

(1) $d(u\pm v)=du\pm dv$；

(2) $d(uv)=vdu+udv$；

(3) $d(ku)=kdu$（k 是常数）；

(4) $d\left(\dfrac{u}{v}\right)=\dfrac{vdu-udv}{v^2}\quad(v\neq 0)$.

12　复合函数的微分法则

设函数 $y=f(u)$ 可微，那么 $dy=f(u)du$. 若函数 $u=\varphi(x)$ 也可微，则复合函数 $y=f[\varphi(x)]$ 的微分为 $dy=y'_x dx=f'(u)\varphi'(x)dx$.

总习题 3

1. 选择题

(1)函数 $f(x)$ 的 $f'(x_0)$ 存在等价于(　　).

A. $\lim\limits_{n\to\infty} n[f(x_0+\frac{1}{n})-f(x_0)]$存在　　B. $\lim\limits_{h\to 0}\frac{f(x_0-h)-f(x_0)}{h}$存在

C. $\lim\limits_{\Delta x\to 0}\frac{f(x_0+\Delta x)-f(x_0-\Delta x)}{\Delta x}$存在　　D. $\lim\limits_{\Delta x\to 0}\frac{f(x_0+3\Delta x)-f(x_0+\Delta x)}{\Delta x}$存在

(2)若函数 $f(x)$ 在点 x_0 处可导，则 $|f(x)|$ 在点 x_0 处(　　).

A. 可导　　B. 不可导　　C. 连续但未必可导　　D. 不连续

(3)设 $y=x\sin x$，则 $f'\left(\frac{\pi}{2}\right)=$(　　).

A. -1　　B. 1　　C. $\frac{\pi}{2}$　　D. $-\frac{\pi}{2}$

(4)已知 $f'(3)=2$，$\lim\limits_{h\to 0}\frac{f(3-h)-f(3)}{2h}=$(　　).

A. $\frac{3}{2}$　　B. $-\frac{3}{2}$　　C. 1　　D. -1

(5)设 $f(x)=\ln(x^2+x)$，则 $f'(x)=$(　　).

A. $\frac{2}{x+1}$　　B. $\frac{2}{x^2+x}$　　C. $\frac{2x+1}{x^2+x}$　　D. $\frac{2x}{x^2+x}$

(6)设 $f(x)$ 为偶函数且在 $x=0$ 处可导，则 $f'(0)=$(　　).

A. 1　　B. -1

C. 0　　D. A、B、C 三选项均不对

(7)设 $y=x\ln x$，则 $y^{(3)}=$(　　).

A. $\ln x$　　B. x　　C. $\frac{1}{x^2}$　　D. $-\frac{1}{x^2}$

(8)设 $y=f(-x)$，则 $y'=$(　　).

A. $f'(x)$　　B. $-f'(x)$　　C. $f'(-x)$　　D. $-f'(-x)$

(9)若两个函数 $f(x)$，$g(x)$ 在区间 (a,b) 内各点的导数相等，则这两个函数在区间 (a,b) 内(　　).

A. $f(x)-g(x)=x$　　B. 相等

C. 仅相差一个常数　　D. 均为常数

(10)设 $y=\cos x^2$，则 $dy=$(　　).

A. $-2x\cos x^2 dx$　　B. $2x\cos x^2 dx$

C. $-2x\sin x^2 dx$　　D. $2x\sin x^2 dx$

(11)设 $y=f(u)$ 是可微函数，u 是 x 的可微函数，则 $dy=$(　　).

A. $f'(u)u\mathrm{d}x$　　B. $f'(u)\mathrm{d}u$　　C. $f'(u)\mathrm{d}x$　　D. $f'(u)u'\mathrm{d}u$

2. 填空题

(1) 设 $f(x)$ 在 x_0 处可导，则 $\lim\limits_{\Delta x\to 0}\dfrac{f(x_0-\Delta x)-f(x_0)}{\Delta x}=$ ________，$\lim\limits_{h\to 0}\dfrac{f(x_0+h)-f(x_0-h)}{h}=$ ________.

(2)若 $f'(0)$存在且 $f(0)=0$，则$\lim\limits_{x\to 0}\dfrac{f(x)}{x}=$ ________.

(3)已知 $f(x)=\begin{cases}x^2, & x\geqslant 0,\\ -x^2, & x<0,\end{cases}$则 $f'(0)=$ ________.

(4)设 $f(x)=\ln\cot x$，则 $f'\left(\dfrac{\pi}{4}\right)=$ ________.

(5)曲线 $y=\ln x+\mathrm{e}^x$ 在 $x=1$ 处的切线方程是________.

(6)设 $f(x)=\begin{cases}x, & x\geqslant 0,\\ \tan x, & x<0,\end{cases}$则 $f(x)$在 $x=0$ 处的导数为________.

(7)设 $y=\mathrm{e}^{\cos x}$，则 $y''=$ ________.

(8)设方程 $x^2+y^2-xy=1$ 确定隐函数 $y=y(x)$，则 $y'=$ ________.

(9)设 $f(x)=\begin{cases}\dfrac{\sin x^2}{2x}, & x\neq 0,\\ 0, & x=0.\end{cases}$则 $f'(0)=$ ________.

(10)$2x^2\mathrm{d}x=\mathrm{d}$ ________；

(11)设 $y=a^x+\operatorname{arccot}x$，则 $\mathrm{d}y=$ ________ $\mathrm{d}x$.

(12)d ________ $=\dfrac{1}{\sqrt{x}}\mathrm{d}x$.

(13)设 $y=\mathrm{e}^{\sqrt{\sin 2x}}$，则 $\mathrm{d}y=$ ________ $\mathrm{d}(\sin 2x)$.

(14)设 $f(x)=\ln 2x+2\mathrm{e}^{\frac{1}{2}x}$，则 $f'(2)=$ ________.

(15)设 $y=\mathrm{e}^x\ln x$，则 $\mathrm{d}y=$ ________.

(16)设 $y=x^3+\ln(1+x)$，则 $\mathrm{d}y=$ ________.

3. 求下列函数的导数：

(1)$y=3x^2+\cos 2x$；　　(2)$y=\mathrm{e}^{-2x}$；

(3)$y=(2x+3)^4$；　　(4)$y=\dfrac{1-\sqrt{x}}{1+\sqrt{x}}$；

(5)$y=x^2(\cos x+\sqrt{x})$；　　(6)$y=\sqrt[3]{x}\sin x+a^x e^x$；

(7)$y=(x-1)(x-2)(x-3)$；　　(8)$y=x\log_2 x+\ln 2$

(9)$y=\cos\dfrac{1}{x}$；　　(10)$y=\ln\left(\dfrac{1}{x}+\ln\dfrac{1}{x}\right)$；

(11)$y=\cot x\arctan x$；　　(12)$y=\ln[\sin(1-x)]$；

(13)$y=\cos^3 x$；　　(14)$y=(x^2-2x+5)^{10}$，求 y''.

4. 设 $\varphi(x)$在 $x=a$ 处连续，$f(x)=(x-a)\varphi(x)$，求 $f'(a)$.

5. 已知 $f(x)=\begin{cases}x^2, & x\leqslant 1,\\ ax+b, & x>1.\end{cases}$求：

(1)a,b的值,使$f(x)$在实数域内处处可导;

(2)$f(x)$的导数.

6.求曲线$y=x^4-3$在点(1,-2)处的切线方程和法线方程.

7.已知$y=x^3+\ln\sin x$,求y''.

8.设$y=f(x)$由方程$e^{xy}+y^3-5x=0$所确定,试求$\left.\frac{dy}{dx}\right|_{x=0}$.

9.设隐函数$y=f(x)$由方程$x=\ln(x+y)$确定,求$\frac{dy}{dx}$.

10.$f(x)=\arctan\sqrt{x^2-1}-\frac{\ln x}{\sqrt{x^2-1}}$,求$df(x)$.

第4章　中值定理及导数的应用

我们已经建立了导数和微分的概念,并研究了导数的计算方法.本章将先介绍中值定理和求极限的洛比达法则,然后利用导数来研究函数的性态,如单调性、极值和最值等.

4.1　中值定理

4.1.1　费马定理

定理1(费马定理)　若函数 $f(x)$在点 x_0 处可导,且在 x_0 的某邻域内恒有 $f(x)\leqslant f(x_0)$ $(f(x)\geqslant f(x_0))$,则必有 $f'(x_0)=0$.

证明　现仅就在点 x_0 邻域内恒有 $f(x)\leqslant f(x_0)$的情况加以证明.对于 $f(x)\geqslant f(x_0)$的情况,证法是相同的.

任取 Δx,使 $x_0+\Delta x$ 落在 x_0 的邻域内,由假设知 $f(x_0+\Delta x)\leqslant f(x_0)$.由此有

当 $\Delta x>0$ 时,
$$\frac{f(x_0+\Delta x)-f(x_0)}{\Delta x}\leqslant 0,$$

当 $\Delta x<0$ 时,
$$\frac{f(x_0+\Delta x)-f(x_0)}{\Delta x}\geqslant 0.$$

令 $\Delta x\to 0$ 取极限,由左、右导数的定义及极限的局部保号性,得

$$f'_+(x_0)=\lim_{\Delta x\to 0^+}\frac{f(x_0+\Delta x)-f(x_0)}{\Delta x}\leqslant 0,$$

$$f'_-(x_0)=\lim_{\Delta x\to 0^-}\frac{f(x_0+\Delta x)-f(x_0)}{\Delta x}\geqslant 0.$$

由于 $f(x)$在点 x_0 处可导,故 $f'(x_0)=f'_+(x_0)=f'_-(x_0)=0$.

4.1.2　罗尔定理

【引例1】　在闭区间$[a,b]$上,函数$f(x)$的图像是一条光滑曲线,这条曲线的两个端点 A,B 的纵坐标相等,即 $f(a)=f(b)$(见图4-1).可以看出,曲线上存在具有水平切线的点,如点ξ_1 和ξ_2.也就是说函数 $f(x)$在区间(a,b)内存在导数为零的点.

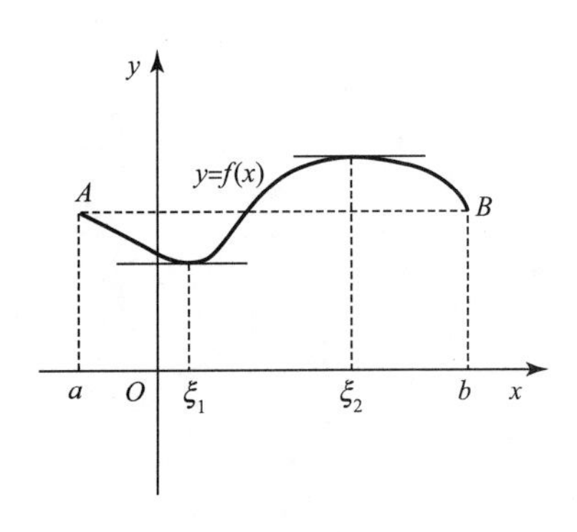

图4-1

一般地,有如下罗尔(Rolle)定理.

定理2(罗尔定理)　若函数 $y=f(x)$满足

(1)在闭区间$[a,b]$上连续;

(2)在开区间(a,b)内可导;

(3) $f(a)=f(b)$；

则在开区间(a,b)内至少存在一点ξ，使得 $f'(\xi)=0$.

证明　因为 $y=f(x)$在$[a,b]$上连续，所以 $f(x)$在$[a,b]$上必有最大值 M 和最小值 m. 这样只有两种可能情况：

(1) $M=m$，此时 $f(x)$在$[a,b]$上恒为常数，则在(a,b)内处处有 $f'(x)=0$.

(2) $M>m$，由于 $f(a)=f(b)$，m 与 M 中至少有一个不等于端点的函数值，不妨假定 $M\neq f(a)$，就是说最大值不在两个端点处取值，则(a,b)内至少有一点ξ，使 $f(\xi)=M$. 由费马定理知 $f'(\xi)=0$.

下面通过一个例子来验证罗尔定理.

【例 4-1】　验证函数 $f(x)=x^2-4x+3$ 在区间$[1,3]$上满足罗尔定理，并求出相应的点ξ.

解　函数 $f(x)=x^2-4x+3$ 为初等函数，它在闭区间$[1,3]$上连续，在开区间$(1,3)$内可导，且 $f(1)=f(3)=0$，因此在区间$[1,3]$上满足罗尔定理的三个条件. 在开区间$(1,3)$内一定存在一点ξ，使 $f'(\xi)=0$. 由 $f'(x)=2x-4=0$，解得 $x=2$. 显然 $2\in(1,3)$，取$\xi=2$，则一定有 $f'(\xi)=0$.

如果取消罗尔定理中的条件 $f(a)=f(b)$，就得到更一般的拉格朗日(Lagrange)定理.

4.1.3　拉格朗日中值定理

定理 3(拉格朗日中值定理) 如果函数 $y=f(x)$满足

(1) 在闭区间$[a,b]$上连续；

(2) 在开区间(a,b)内可导；

则在开区间(a,b)内至少存在一点ξ，使得

$$f'(\xi)=\frac{f(b)-f(a)}{b-a}. \tag{1}$$

式(1)通常写成

$$f(b)-f(a)=f'(\xi)(b-a)\quad(a<\xi<b).$$

从几何上看(见图 4-2)，$\dfrac{f(b)-f(a)}{b-a}$是弦 AB 的斜率，而 $f'(\xi)$为曲线在点 C 处的切线斜率. 因此，拉格朗日定理的几何意义是：如果连续曲线 $y=f(x)$在弧段 AB 上除端点外处处具有不垂直于 x 轴的切线，那么在此弧上至少有一点 C，曲线在点 C 处的切线平行于直线 AB.

显然，罗尔定理是拉格朗日定理的特殊情况. 另外，拉格朗日定理有两个重要推论：

推论 1　如果在区间 I 上，函数 $f(x)$的导数 $f'(x)$恒等于零，那么在此区间 I 上，$f(x)$是一个常数.

推论 2　如果在区间(a,b)内，$f'(x)\equiv g'(x)$，则在此区间内，$f(x)$与 $g(x)$只相差一个常数，即

$$f(x)=g(x)+C.$$

对于更一般的情形，还有下面的柯西(Cauchy)定理.

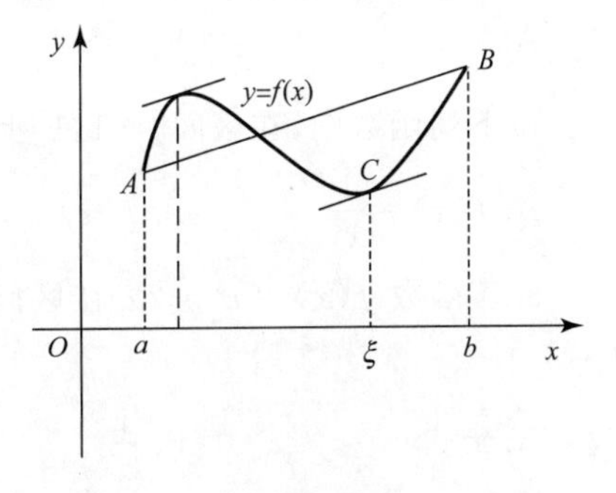

图 4-2

【例 4-2】　函数 $f(x)=x^2+2x$ 在区间$[0,2]$上满足拉格朗日中值定理的条件，求出相应的点ξ.

解 $b=2,a=0,f(2)=8,f(0)=0,f'(x)=2x+2.$
由拉格朗日中值定理得

$$8-0=(2\xi+2)\cdot 2,$$

所以

$$\xi=1\in(0,2).$$

【例 4-3】 证明:当 $0<a<b$ 时,不等式

$$\frac{b-a}{b}<\ln\frac{b}{a}<\frac{b-a}{a}$$

成立.

证明 函数 $f(x)=\ln x$ 在区间 $[a,b](a>0)$ 上满足拉格朗日中值定理的条件,$f'(x)=\dfrac{1}{x}$.
所以存在 $\xi\in(a,b)$,使

$$\ln\frac{b}{a}=\ln b-\ln a=\frac{1}{\xi}(b-a).$$

又 $a<\xi<b$,故

$$\frac{1}{b}<\frac{1}{\xi}<\frac{1}{a},$$

即

$$\frac{b-a}{b}<\frac{b-a}{\xi}<\frac{b-a}{a},$$

所以

$$\frac{b-a}{b}<\ln\frac{b}{a}<\frac{b-a}{a}.$$

4.1.4 柯西中值定理

定理 4 (柯西中值定理) 设函数 $f(x)$ 与 $g(x)$ 都满足

(1)在闭区间 $[a, b]$ 上连续;

(2)在开区间 (a,b) 内可导,且在开区间 (a, b) 内 $g'(x)\neq 0$,

那么,在开区间 (a, b) 内至少存在一点 ξ,使得

$$\frac{f(b)-f(a)}{g(b)-g(a)}=\frac{f'(\xi)}{g'(\xi)}.$$

在此定理中,若 $g(x)=x$,就变成了拉格朗日定理,这说明拉格朗日定理又是柯西定理的特殊情况.

习题 4.1

1. 函数 $f(x)=x\sqrt{3-x}$ 在区间 $[0,3]$ 上满足罗尔定理的 $\xi=$( ).

A. 0 B. 3 C. $\dfrac{3}{2}$ D. 2

2. 下列函数中,在区间 $[-1,1]$ 上满足罗尔定理条件的是( ).

A. $f(x)=\dfrac{1}{x^2}$ B. $f(x)=x^2$ C. $f(x)=x|x|$ D. $f(x)=x^{\frac{1}{3}}$

3. 若函数 $f(x)=x^3+2x$ 在区间 $[0,1]$ 上满足拉格朗日中值定理条件,则定理中的 $\xi=$( ).

A. $\pm\dfrac{1}{\sqrt{3}}$ B. $\dfrac{1}{\sqrt{3}}$ C. $-\dfrac{1}{\sqrt{3}}$ D. $\sqrt{3}$

4. 若函数 $f(x)=x^3$ 在区间[0,1]上满足拉格朗日中值定理条件，则定理中的 $\xi=$(　　).

A. $-\sqrt{3}$　　B. $\sqrt{3}$　　C. $-\frac{\sqrt{3}}{3}$　　D. $\frac{\sqrt{3}}{3}$

5. 下列函数在给定区间上不满足拉格朗日中值定理条件的是(　　).

A. $f(x)=\frac{2x}{1+x^2}$,[−1,1]　　B. $f(x)=|x|$,[−1,2]

C. $f(x)=4x^3-5x^2+x-2$,[0,1]　　D. $f(x)=\ln(1+x^2)$,[0,3]

6. 函数 $f(x)=\frac{1}{x}$ 满足拉格朗日中值定理条件的区间是(　　).

A. [−2,2]　　B. [1,2]　　C. [−2,0]　　D. [0,1]

7. 验证函数 $y=\cos x$ 在区间$\left[-\frac{\pi}{3},\frac{\pi}{3}\right]$上满足罗尔定理的条件，并求出相应的 ξ.

8. 验证函数 $y=(x-1)^3$ 在区间[−1, 2]上满足拉格朗日定理的条件，并求出相应的 ξ.

9. 用拉格朗日定理的推论证明：$\arcsin x+\arccos x=\frac{\pi}{2}$ $(-1\leqslant x\leqslant 1)$.

10. 试证：当 $x>1$ 时，有 $e^x>xe$.

11. 试证：当 $x>0$ 时，$x>\ln(1+x)$.

12. 证明：当 $x>0$ 时，有 $\ln(1+x)>x-\frac{1}{2}x^2$.

4.2　洛必达法则

在求极限时，我们经常遇到这样的情形，函数$\frac{f(x)}{g(x)}$的分子、分母都趋近于零或都趋近于无穷大，这时分式的极限可能存在也可能不存在. 通常称这两类极限为**未定型**，分别简记为“$\frac{0}{0}$”和“$\frac{\infty}{\infty}$”. 中值定理的一个重要应用就是导出计算未定型极限的方法，这个方法就是著名的洛必达法则.

4.2.1　$\frac{0}{0}$型和$\frac{\infty}{\infty}$型未定式

定理 5(洛必达法则)　如果函数 $f(x)$ 与函数 $g(x)$ 满足：

(1) $\lim\limits_{x\to x_0}f(x)=\lim\limits_{x\to x_0}g(x)=0(\infty)$,

(2) 函数 $f(x)$ 与 $g(x)$ 在点 x_0 的某邻域内(点 x_0 可除外)均可导，且 $g'(x)\neq 0$,

(3) $\lim\limits_{x\to x_0}\frac{f'(x)}{g'(x)}$存在(或为无穷大),

那么

$$\lim_{x\to x_0}\frac{f(x)}{g(x)}=\lim_{x\to x_0}\frac{f'(x)}{g'(x)}.$$

注意：(1) 把极限过程 $x\to x_0$ 改为 $x\to\infty$，洛必达法则仍然成立；

(2) 只有求“$\frac{0}{0}$”或“$\frac{\infty}{\infty}$”型极限，并且满足定理条件时，才可以利用洛必达法则；

(3) 在计算中，若使用一次洛必达法则后仍然是“$\frac{0}{0}$”或“$\frac{\infty}{\infty}$”型，在定理条件满足的情况下，还可以继续使用洛必达法则.

【例 4-4】 求极限$\lim\limits_{x\to 0}\dfrac{e^x-1}{x}$.

解 当 $x\to 0$ 时，分子 $e^x-1\to 0$，分母 $x\to 0$，此极限为“$\dfrac{0}{0}$”型，由洛必达法则，得

$$\lim_{x\to 0}\frac{e^x-1}{x}=\lim_{x\to 0}e^x=1.$$

【例 4-5】 求极限 $\lim\limits_{x\to+\infty}\dfrac{\ln x}{x^n}$ $(n\in\mathbf{N})$.

解 当 $x\to+\infty$时，分子 $\ln x\to+\infty$，分母 $x^n\to+\infty$，此极限为“$\dfrac{\infty}{\infty}$”型，利用洛必达法则，得

$$\lim_{x\to+\infty}\frac{\ln x}{x^n}=\lim_{x\to+\infty}\frac{\frac{1}{x}}{nx^{n-1}}=\lim_{x\to+\infty}\frac{1}{nx^n}=0.$$

【例 4-6】 求极限 $\lim\limits_{x\to+\infty}\dfrac{x^2}{e^x}$.

解 当 $x\to+\infty$时，分子、分母都趋近于正无穷大，此极限为“$\dfrac{\infty}{\infty}$”型，连续使用洛必达法则，得

$$\lim_{x\to+\infty}\frac{x^2}{e^x}=\lim_{x\to+\infty}\frac{2x}{e^x}=\lim_{x\to+\infty}\frac{2}{e^x}=0.$$

4.2.2 其他类型的未定式

洛必达法则还可以用来求“$0\cdot\infty$”“$\infty-\infty$”“0^0”“1^∞”“∞^0”等未定型的极限. 虽然它们不能直接利用洛必达法则求解，但我们可以通过简单的变形把它们化为“$\dfrac{0}{0}$”型或“$\dfrac{\infty}{\infty}$”型，然后再用洛必达法则求出极限.

【例 4-7】 求极限 $\lim\limits_{x\to 0^+}x\ln x(n>0)$. (“$0\cdot\infty$”型)

解 先将其化为“$\dfrac{\infty}{\infty}$”型，再利用洛必达法则，

$$\lim_{x\to 0^+}x\ln x=\lim_{x\to 0^+}\frac{\ln x}{\frac{1}{x}}=\lim_{x\to 0^+}\frac{\frac{1}{x}}{-\frac{1}{x^2}}=\lim_{x\to 0^+}(-x)=0.$$

【例 4-8】 求极限$\lim\limits_{x\to\frac{\pi}{2}}(\sec x-\tan x)$. (“$\infty-\infty$”型)

解 $\lim\limits_{x\to\frac{\pi}{2}}(\sec x-\tan x)=\lim\limits_{x\to\frac{\pi}{2}}\left(\dfrac{1}{\cos x}-\dfrac{\sin x}{\cos x}\right)=\lim\limits_{x\to\frac{\pi}{2}}\dfrac{1-\sin x}{\cos x}$,

已化为“$\dfrac{0}{0}$”型，利用洛必达法则，得

$$\lim_{x\to\frac{\pi}{2}}(\sec x-\tan x)=\lim_{x\to\frac{\pi}{2}}\frac{-\cos x}{-\sin x}=0.$$

【例 4-9】 求极限 $\lim\limits_{x\to 0^+}x^x$. (“$0^0$”型)

解　$\lim\limits_{x\to0^+}x^x=\lim\limits_{x\to0^+}e^{x\ln x}=e^{\lim\limits_{x\to0^+}x\ln x}=e^0=1.$

注意:(1) 正如例题所示,对于“0^0”“1^∞”和“∞^0”三种未定型,都可以先用公式 $a^b=e^{b\ln a}$ 将其化为指数函数,然后再用复合函数求极限法和洛必达法则求出极限.

(2)洛必达法则的条件是充分的,但不是必要的.因此,可能出现该法则失效但极限仍有可能存在的情况.

【例 4-10】　求极限 $\lim\limits_{x\to+\infty}\dfrac{\sqrt{1+x^2}}{x}$.

解　此极限为“$\dfrac{\infty}{\infty}$”型,连续两次使用洛必达法则

$$\lim_{x\to+\infty}\frac{\sqrt{1+x^2}}{x}=\lim_{x\to+\infty}\frac{x}{\sqrt{1+x^2}}=\lim_{x\to+\infty}\frac{\sqrt{1+x^2}}{x},$$

我们发现又还原成原来的形式,因而洛必达法则对它失效.事实上

$$\lim_{x\to+\infty}\frac{\sqrt{1+x^2}}{x}=\lim_{x\to+\infty}\sqrt{\frac{1}{x^2}+1}=1.$$

习题 4.2

1.求下列极限:

(1)$\lim\limits_{x\to0}\dfrac{\tan3x}{4x}$;　　(2)$\lim\limits_{x\to a}\dfrac{\sin x-\sin a}{x-a}$;

(3)$\lim\limits_{x\to\infty}\dfrac{6x^3-x}{x^3+2x-3}$;　　(4)$\lim\limits_{x\to+\infty}\dfrac{\ln^2x}{x}$;

(5)$\lim\limits_{x\to\frac{\pi}{2}}\dfrac{\ln\cos3x}{\ln\cos x}$;　　(6)$\lim\limits_{x\to0}\dfrac{2x-x\cos x}{2x-\sin x}$.

2.求下列极限:

(1)$\lim\limits_{x\to+\infty}x^2e^{-x}$;　　(2)$\lim\limits_{x\to1}\left(\dfrac{2}{x^2-1}-\dfrac{1}{x-1}\right)$;

(3)$\lim\limits_{x\to0}x\cot x$;　　(4)$\lim\limits_{x\to0^+}(\sin x)^{\tan x}$;

(5)$\lim\limits_{x\to0}(1+x)^{\frac{1}{x}}$;　　(6)$\lim\limits_{x\to\infty}\dfrac{x+\sin x}{x}$.

4.3　函数的单调性与极值

单调性、极值与最值是函数的重要特性.在本节,我们将用导数来研究函数的这些性质.

4.3.1　函数的单调性

【引例 2】　观察图 4-3 和图 4-4 中曲线的变化趋势.

由图 4-3 可以看出,当函数 $y=f(x)$在$[a, b]$上是单调递增时,其曲线上任一点处的切线倾角都是锐角,因此它们的斜率是正值,由导数的几何意义可知,此时函数 $y=f(x)$的导数$f'(x)>0$.由图 4-4 可以看出,当函数 $y=f(x)$在$[a, b]$上是单调递减时,其曲线上任一点处的切线倾角都是钝角,因此它们的斜率是负值,此时函数 $y=f(x)$的导数 $f'(x)<0$.一般地,有以下定理:

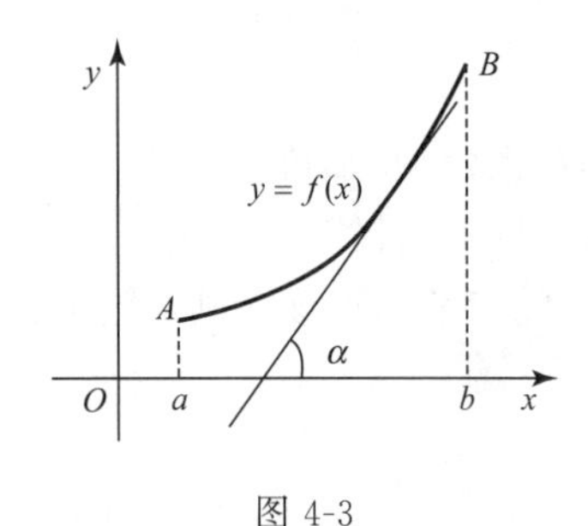

图 4-3

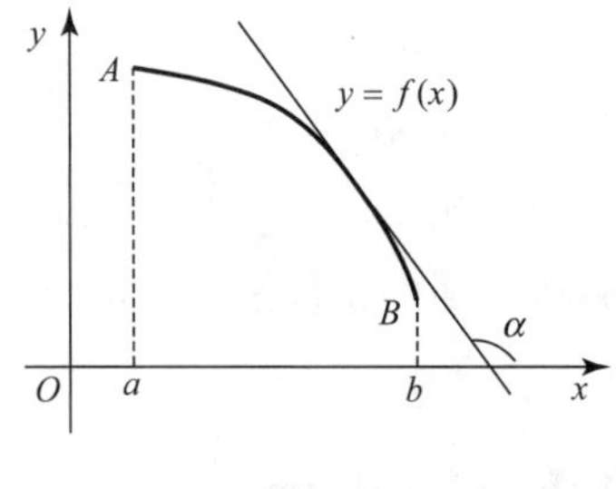

图 4-4

定理 6 设函数 $y=f(x)$在开区间 I 内可导.

(1)如果对 $\forall x\in I$,有 $f'(x)>0$,那么函数 $f(x)$在 I 内单调递增;

(2)如果对 $\forall x\in I$,有 $f'(x)<0$,那么函数 $f(x)$在 I 内单调减少.

证明 在区间 I 内任取两点 x_1,x_2,设 $x_1<x_2$.由于 $f(x)$在 I 内可导,所以在闭区间$[x_1,x_2]$上连续,在开区间(x_1,x_2)内可导,由拉格朗日定理知,存在ξ,使

$$f(x_2)-f(x_1)=f'(\xi)(x_2-x_1)\quad (x_1<\xi<x_2).$$

因为 $x_2-x_1>0$,所以当 $f'(\xi)>0$ 时有 $f(x_2)-f(x_1)>0$,即 $f(x)$在 I 内单调增加.同理,当 $f'(\xi)<0$ 时有 $f(x_2)-f(x_1)<0$,$f(x)$在 I 内单调减少.

注意:定理中的条件只是判断函数单调递增(或减少)的充分条件.

【例 4-11】 判断函数 $f(x)=e^x+x$ 的单调性.

解 因为 $f'(x)=e^x+1>0$ 恒成立,故函数在定义域$(-\infty,+\infty)$内是单调递增的.

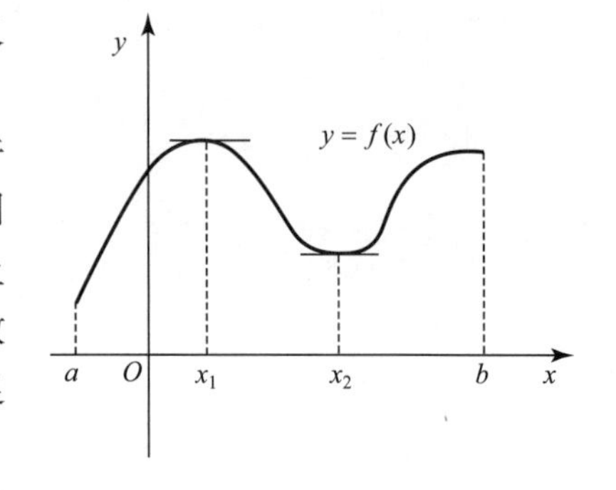

图 4-5

一般情况而言,函数 $f(x)$在其整个定义域内可能并不具有单调性,但在其各个部分区间上却是单调的.如图 4-5 所示,函数 $f(x)$在$[a,x_1]$上单调增加,在$[x_1,x_2]$上单调减少,在$[x_2,b]$上单调增加.容易看出:可导函数 $f(x)$在单调区间的分界点处导数为零.我们称满足 $f'(x)=0$的点叫作函数的**驻点**.

因此,要求可导函数的单调区间,应首先由 $f'(x)=0$ 求其驻点,用驻点将定义域分成若干个部分区间,再用定理 6 判断函数在每个部分区间上的单调性.

【例 4-12】 确定函数 $y=\frac{1}{3}x^3-\frac{3}{2}x^2+2x$ 的单调区间.

解 函数 $y=\frac{1}{3}x^3-\frac{3}{2}x^2+2x$ 的定义域为$(-\infty,+\infty)$,求导数得

$$y'=x^2-3x+2=(x-1)(x-2).$$

令 $y'=0$,得 $x=1$ 或 $x=2$.由于 y'在$(-\infty,1)$,$(1,2)$和$(2,+\infty)$上的符号分别是$+,-,+$,所以函数在区间$(-\infty,1)$和$(2,+\infty)$上单调增加,而在$(1,2)$上单调减少.

注意:(1)驻点并不一定就是单调区间的分界点.如点 $x=0$ 是函数 $f(x)=x^3$ 的驻点,但 $f'(x)=3x^2$ 在 $x=0$ 两侧并不取相反符号,事实上,$f(x)=x^3$ 在$(-\infty,+\infty)$内单调增加.

(2)除驻点外,函数的单调区间分界点还可能是导数不存在的点.

【例 4-13】 求函数 $f(x)=\frac{e^x}{1+x}$的单调区间.

解　由 $f'(x)=\frac{e^x(1+x)-e^x}{(1+x)^2}=\frac{xe^x}{(1+x)^2}=0$ 解得驻点 $x=0$，而当 $x=-1$ 时，$f'(x)$不存在.点 $x=0$ 和 $x=-1$ 把定义域分成三个部分区间$(-\infty,-1)$，$(-1,0)$和$(0,+\infty)$，$f'(x)$在三个区间上的符号分别是－，－，＋，所以，函数 $f(x)$在$(-\infty,-1)$和$(-1,0)$内单调减少，而在$(0,+\infty)$内单调增加.

4.3.2　函数的极值

【引例 3】　观察图 4-5 可以看出，x 从 x_1 的左边邻近连续变化到 x_1 的右边邻近时，$f(x)$由单调增加变为单调减少，即 x_1 是函数值由增加到减少的转折点，因此，在 x_1 的左右邻近恒有 $f(x)<f(x_1)$. 与之相反，在 x_2 的左右邻近恒有 $f(x)>f(x_1)$. 对于像 x_1 和 x_2 这样的点，我们有以下定义.

定义 1　设函数 $f(x)$在 x_0 的某个邻域内有定义. 如果对于该邻域内的任意点 $x(x\neq x_0)$，恒有 $f(x)<f(x_0)$(或 $f(x)>f(x_0)$)，则称 $f(x_0)$为函数 $f(x)$的**极大值**(或**极小值**)，点 x_0 称为 $f(x)$的**极大值点**(或**极小值点**).

函数的极大值与极小值统称为函数的**极值**，极大值点与极小值点统称为函数的**极值点**.

如图 4-5 所示，x_1 是函数 $y=f(x)$的极大值点，$f(x_1)$是其极大值；而 x_2 是函数 $y=f(x)$的极小值点，$f(x_2)$是其极小值.

注意：(1)函数 $f(x)$的极值是一个局部概念. 在某个区间上，$f(x)$可以出现多个极大值和极小值，且极大值不一定比极小值大，极小值不一定比极大值小.

(2)函数的极值不可能在区间的端点处取得.

从图 4-5 还可以看出，曲线在极值点 x_1 和 x_2 处均有水平切线. 这意味着函数在点 x_1 和 x_2 处的导数为零.

定理 7(极值存在的必要条件)　如果函数 $f(x)$在点 x_0 处可导且取得极值，那么 $f'(x_0)=0$.

可导函数的极值点必定是它的驻点. 但是，函数的驻点却不一定是极值点. 如 $x=0$ 是函数 $f(x)=x^3$ 的驻点但不是极值点. 还需注意，函数的极值点也不一定是驻点. 如 $x=0$ 是 $f(x)=|x|$的极小值点但不是驻点，因为函数在点 $x=0$ 不可导.

函数的极值点只能在驻点和连续但不可导的点中产生. 下面的两个定理，是判断极值的充分条件.

定理 8(极值判别法Ⅰ)　设函数 $f(x)$在 x_0 处连续，且在 x_0 的某左、右邻域内可导.

(1)若 $x<x_0$ 时，$f'(x)>0$，而 $x>x_0$ 时，$f'(x)<0$，则函数 $f(x)$在点 x_0 取得极大值；

(2)若 $x<x_0$ 时，$f'(x)<0$，而 $x>x_0$ 时，$f'(x)>0$，则函数 $f(x)$在点 x_0 取得极小值；

(3)若在点 x_0 的左、右两侧 $f'(x)$不变号，则函数 $f(x)$在点 x_0 不取得极值.

根据定理 6 和定理 8，我们就可以合并求函数的单调区间和极值了.

【例 4-14】　求函数 $y=(2x-1)^2(x+1)^3$ 的单调区间和极值.

解　函数的定义域为$(-\infty,+\infty)$，又

$$y'=4(2x-1)(x+1)^3+3(2x-1)^2(x+1)^2=(2x-1)(x+1)^2(10x+1).$$

令 $y'=0$，得驻点 $x_1=-1$，$x_2=-\frac{1}{10}$，$x_3=\frac{1}{2}$. 它们将定义域分为四个区间，列表分析如下(见表 4-1)：

表 4-1　函数 $f(x)$ 的单调区间和极值

x	$(-\infty,-1)$	-1	$\left(-1,-\frac{1}{10}\right)$	$-\frac{1}{10}$	$\left(-\frac{1}{10},\frac{1}{2}\right)$	$\frac{1}{2}$	$\left(\frac{1}{2},+\infty\right)$
y'	$-$	0	$+$	0	$-$	0	$+$
y	↘	极小值	↗	极大值	↘	极小值	↗

由表可见，函数在区间$(-\infty,-1)\cup\left(-\frac{1}{10},\frac{1}{2}\right)$内单调减少，在$\left(-1,-\frac{1}{10}\right)\cup\left(\frac{1}{2},+\infty\right)$单调增加. 在点 $x_1=-1$ 和 $x_3=\frac{1}{2}$取极小值 0，在点 $x_2=-\frac{1}{10}$取极大值$\frac{654}{623}$.

【例 4-15】　求 $f(x)=\sqrt[3]{x^2}+1$ 的单调区间和极值.

解　函数的定义域为$(-\infty,+\infty)$，$f'(x)=\frac{2}{3\sqrt[3]{x}}$，因此 $f(x)$没有驻点，在 $x=0$ 处连续不可导，列表分析如下(见表 4-2)：

表 4-2　函数 $f(x)$ 的单调区间和极值

x	$(-\infty,0)$	0	$(0,+\infty)$
$f'(x)$	$-$	不存在	$+$
$f(x)$	↘	极小值	↗

由表可见，函数在区间$(-\infty,0)$内单调减少，在$(0,+\infty)$内单调增加，在点 $x=0$ 取极小值 $f(0)=1$.

定理 9(极值判别法Ⅱ)　设函数 $f(x)$在点 x_0 处有二阶导数，且 $f'(x_0)=0$，$f''(x_0)\neq 0$.

(1)若 $f''(x_0)<0$，则函数 $f(x)$在点 x_0 处取得极大值；

(2)若 $f''(x_0)>0$，则函数 $f(x)$在点 x_0 处取得极小值.

注意：当 $f''(x_0)=0$ 时，定理 9 的判别法失效.

【例 4-16】　求函数 $f(x)=x^3-5x^2+3x-1$ 的极值.

解　由 $f'(x)=3x^2-10x+3=0$ 解得驻点 $x=\frac{1}{3}$和 $x=3$. 又 $f''(x)=6x-10$.

因为 $f''\left(\frac{1}{3}\right)=-8<0$，$f''(3)=8>0$，所以函数在点 $x=\frac{1}{3}$取极大值 $f\left(\frac{1}{3}\right)=\frac{16}{27}$，在点 $x=3$ 取极小值 $f(3)=-10$.

总之，求函数的单调区间和极值的一般步骤是：

①求出函数 $f(x)$的定义域；

②解方程 $f'(x)=0$，求出函数 $f(x)$的全部驻点；

③找出 $f(x)$在定义域内的所有不可导点；

④用所有驻点和导数不存在的点把定义域分成若干个区间，列表考察每个区间内 $f'(x)$的符号，确定极值点；

⑤根据 $f'(x)$的符号判别单调区间和极值的类别，并求 $f(x)$的全部极值.

在不需要求单调区间时，有时用极值判别法Ⅱ要方便一些.

4.3.3　函数的最值

在经济生活中,我们常会遇到“用料最省”“容积最大”“耗费最少”“利润最多”等问题,例如在销售某种商品时,如何确定可变成本和零售价格,才能使商品售出最多,从而获得最大利润.这类问题在数学上叫作函数的最大值、最小值问题.函数的最大值和最小值统称**最值**.

注意:要区别极值和最值两个不同的概念.函数的极值是局部概念,在一个区间内可以有多个极值;函数的最值是整体概念,在一个区间上最多只能有一个最大值或一个最小值.

连续函数 $f(x)$在闭区间$[a,b]$上的最值只可能在极值点或区间端点取得.因此,我们可以得到求 $f(x)$的最值的一般步骤如下:

①求出 $f(x)$在(a,b)内的所有驻点和不可导点,计算各点的函数值;

②求出 $f(x)$在端点的函数值 $f(a)$和 $f(b)$;

③比较求出的所有函数值,其中最大(小)者就 $f(x)$在$[a,b]$上的最大(小)值.

【例 4-17】　求函数 $f(x)=x^3-3x+2$ 在区间$[0,2]$上的最大值与最小值.

解　$f'(x)=3x^2-3=3(x+1)(x-1)$,令 $f'(x)=0$,得驻点 $x=1,x=-1$,其中只有 $1\in[0,2]$,$f(1)=0$.又 $f(0)=2$,$f(2)=4$.比较得到,函数 $f(x)$在区间$[0,2]$上的最大值为$f(2)=4$,最小值为 $f(1)=0$.

【例 4-18】　求函数 $f(x)=\dfrac{x-1}{x+1}$在区间$[0,4]$上的最大值与最小值.

解　函数 $f(x)$在$[0,4]$上连续,$f'(x)=\dfrac{2}{(x+1)^2}>0$,不存在驻点和不可导点.端点函数值 $f(0)=-1$,$f(4)=\dfrac{3}{5}$.比较可得,函数 $f(x)$在区间$[0,4]$上的最大值为$\dfrac{3}{5}$,最小值是-1.

在开区间(a,b)内连续的函数 $f(x)$,在此区间上的最值只可能在区间内部取得.因此,在求函数 $f(x)$在(a,b)内的最值时,只需求出驻点和导数不存在的点,比较其函数值大小即可.特别地,若 $f(x)$在开区间(a,b)内可导且只有一个驻点 x_0,并且这个驻点是其唯一的极值点,那么 $f(x_0)$必定是 $f(x)$的最值.实际问题往往就是这种情况.

【例 4-19】　某工厂生产某产品,其固定成本为 3 万元,每生产一百件产品,成本增加 2 万元,其收入 R(单位:万元)是产量 q(单位:百件)的函数:$R=5q-\dfrac{1}{2}q^2$.求达到最大利润时的产量.

解　由题意,成本函数为 $C=3+2q$,于是,利润函数为

$$L=R-C=-3+3q-\frac{1}{2}q^2.$$

由 $L'=3-q=0$ 得 $q=3$.因为 $L''(3)=-1<0$,所以 $q=3$ 时函数取极大值,因为是唯一的极值点,所以 $q=3$ 也是最大值点.

即产量为 3 百件时,可获最大利润 $L(3)=1.5$ 万元.

习题 4.3

1.函数 $y=(x+1)^3$ 在区间$(-2,2)$是(　　).

A.单调增加　　B.单调减少　　C.有增有减　　D.不增不减

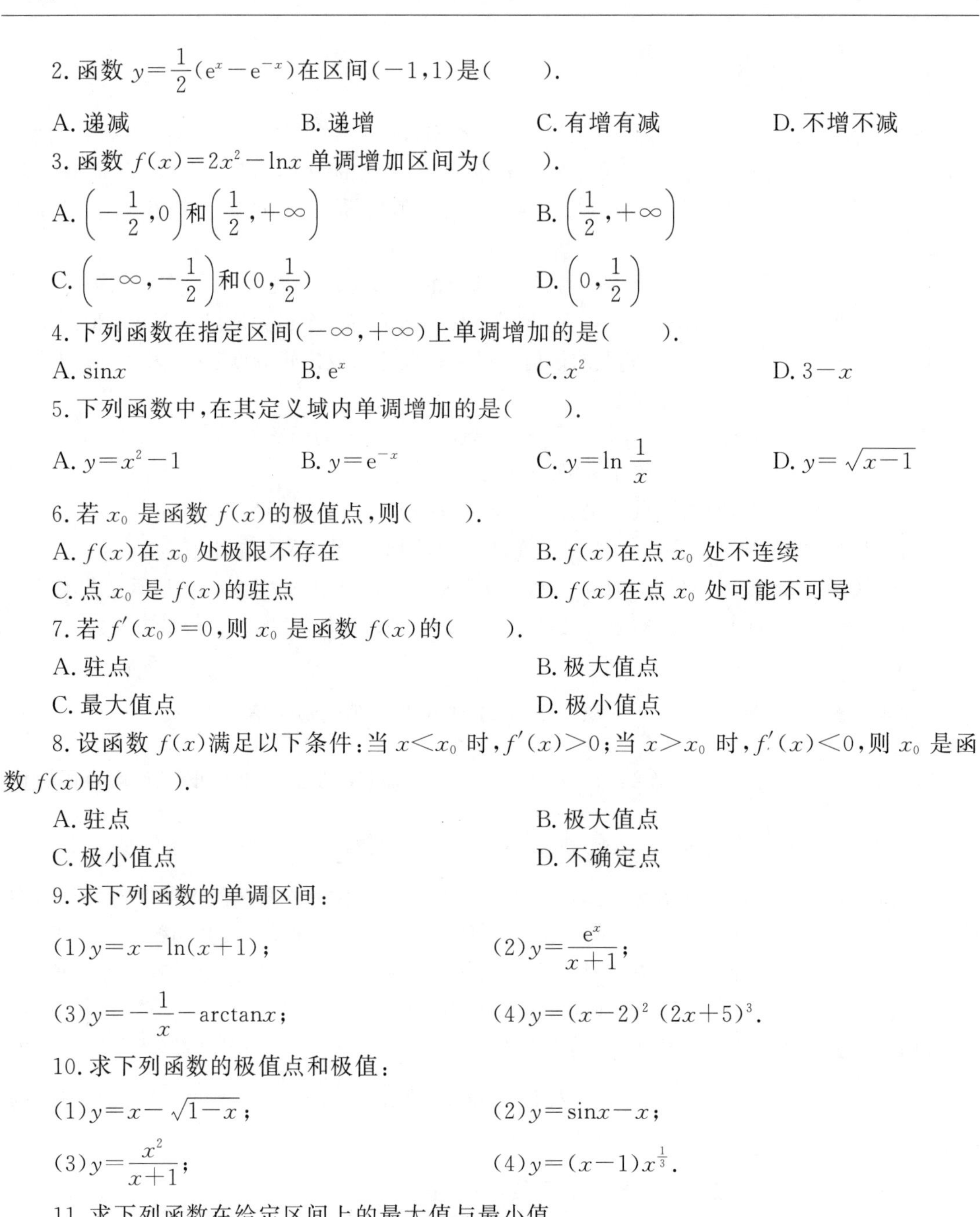

2. 函数 $y=\frac{1}{2}(e^x-e^{-x})$在区间$(-1,1)$是(　　).

A. 递减　　B. 递增　　C. 有增有减　　D. 不增不减

3. 函数 $f(x)=2x^2-\ln x$ 单调增加区间为(　　).

A. $\left(-\frac{1}{2},0\right)$和$\left(\frac{1}{2},+\infty\right)$　　B. $\left(\frac{1}{2},+\infty\right)$

C. $\left(-\infty,-\frac{1}{2}\right)$和$(0,\frac{1}{2})$　　D. $\left(0,\frac{1}{2}\right)$

4. 下列函数在指定区间$(-\infty,+\infty)$上单调增加的是(　　).

A. $\sin x$　　B. e^x　　C. x^2　　D. $3-x$

5. 下列函数中,在其定义域内单调增加的是(　　).

A. $y=x^2-1$　　B. $y=e^{-x}$　　C. $y=\ln\frac{1}{x}$　　D. $y=\sqrt{x-1}$

6. 若 x_0 是函数 $f(x)$的极值点,则(　　).

A. $f(x)$在 x_0 处极限不存在　　B. $f(x)$在点 x_0 处不连续

C. 点 x_0 是 $f(x)$的驻点　　D. $f(x)$在点 x_0 处可能不可导

7. 若 $f'(x_0)=0$,则 x_0 是函数 $f(x)$的(　　).

A. 驻点　　B. 极大值点

C. 最大值点　　D. 极小值点

8. 设函数 $f(x)$满足以下条件:当 $x<x_0$ 时,$f'(x)>0$;当 $x>x_0$ 时,$f'(x)<0$,则 x_0 是函数 $f(x)$的(　　).

A. 驻点　　B. 极大值点

C. 极小值点　　D. 不确定点

9. 求下列函数的单调区间:

(1)$y=x-\ln(x+1)$;　　(2)$y=\frac{e^x}{x+1}$;

(3)$y=-\frac{1}{x}-\arctan x$;　　(4)$y=(x-2)^2\ (2x+5)^3$.

10. 求下列函数的极值点和极值:

(1)$y=x-\sqrt{1-x}$;　　(2)$y=\sin x-x$;

(3)$y=\frac{x^2}{x+1}$;　　(4)$y=(x-1)x^{\frac{1}{3}}$.

11. 求下列函数在给定区间上的最大值与最小值.

(1)$f(x)=\ln(x^2-1)$,$[2,3]$;　　(2)$f(x)=x^4-2x^3+x^2-1$,$[0,2]$.

12. 已知圆柱形油桶的容积为 V,求如何设计它的底面半径与高可使它的表面积最小?

13. 在边长为 $a$cm 的正方形纸板的四只角剪去四个相等的小正方形,然后折成一个无盖方盒,问怎样剪裁才能使盒子的容积最大?

4.4　函数的凹凸性与微分法作图

在研究函数图像的变化状况时,了解它上升和下降的规律是重要的,但是只了解这一点是不够的，上升和下降还不能完全反映图像的变化，因为连接两点的曲线可以向上或向下弯曲，由此我们给出如下定义.

定义　如果在某区间内，曲线弧位于其上任意一点的切线的上方，则称曲线在这个曲间上是凹的，如图 4-6 所示. 反之，曲线弧位于其上任意一点的切线的下方，则称曲线是凸的，如图 4-7 所示.

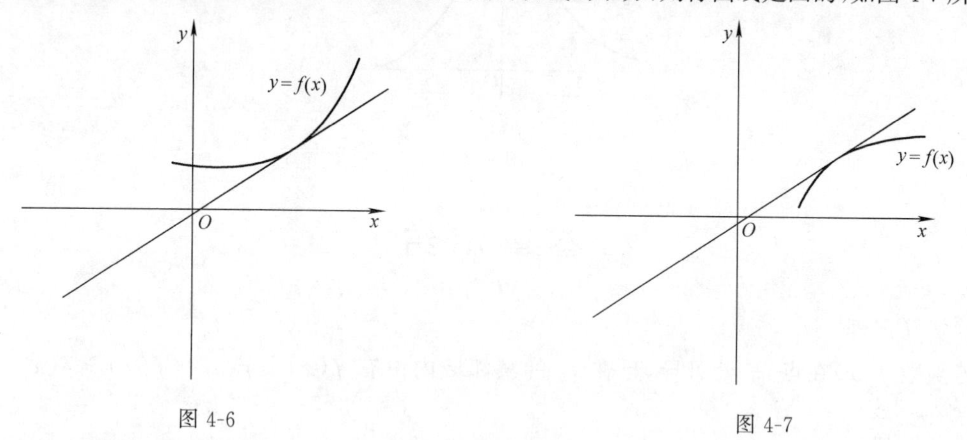

图 4-6　　　　图 4-7

定理（函数凹凸性判别法）　若对任意 x，在某区间上 $f''(x)<0$，则函数在该区间上是凸的；若对任意 x，在某区间上 $f''(x)>0$，则函数在该区间上是凹的.

我们把连续曲线弧的凹凸区间的分界点叫作**拐点**.

前面研究了函数的单调性与极值，曲线的凹凸性与拐点以及渐近线，有了这些就可以画一些简单函数的图形了.

函数图像的描绘一般可按以下步骤进行：

(1)确定函数的定义域，并讨论其对称性和周期性；

(2)讨论函数的单调性，极值点和极值；

(3)讨论曲线的凹凸性和拐点；

(4)确定曲线的水平渐近线和垂直渐近线；

(5)根据需要由曲线的方程计算出一些特殊点的坐标，特别是曲线与坐标轴的交点；

(6)描图.

例　描绘函数 $y=\mathrm{e}^{-x^2}$ 的图像.

解：该函数的定义域为 $(-\infty,+\infty)$，且为偶函数，因此只要作出它在 $(0,+\infty)$ 内的图像即可. $y'=-2x\mathrm{e}^{-x^2}$，$y''=2\mathrm{e}^{-x^2}(2x^2-1)$. 令 $y'=0$，得驻点 $x=0$，令 $y''=0$ 得 $x=\pm\frac{\sqrt{2}}{2}$. $\lim\limits_{x\to\infty}y=0$，所以 $y=0$ 为函数图形的水平渐近线.

列表如下：

x	0	$\left(0,\frac{\sqrt{2}}{2}\right)$	$\frac{\sqrt{2}}{2}$	$\left(\frac{\sqrt{2}}{2},+\infty\right)$
y'	0	$-$	$-$	$-$
y''	$-$	$-$	0	$+$
y	极大值 $f(0)=1$	凸 ↘	拐点 $\left(\frac{\sqrt{2}}{2},\mathrm{e}^{-\frac{1}{2}}\right)$	凹 ↘

根据以上讨论即可描绘出所给函数的图像(见图 4-8).

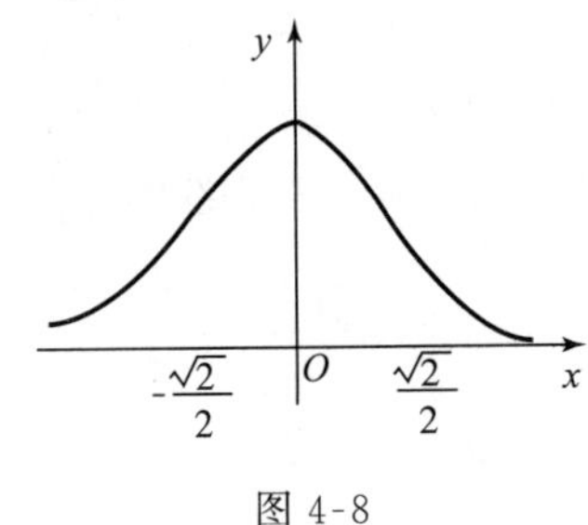

图 4-8

本章小结

1. 费马定理

若函数 $f(x)$在点 x_0 处可导,且在 x_0 的某邻域内恒有 $f(x)\leqslant f(x_0)(f(x)\geqslant f(x_0))$,则必有 $f'(x_0)=0$.

2. 罗尔定理

若函数 $y=f(x)$满足

(1)在闭区间$[a, b]$上连续;

(2)在开区间(a, b)内可导;

(3)$f(a)=f(b)$;

则在开区间(a, b)内至少存在一点ξ,使得 $f'(\xi)=0$.

3. 拉格朗日中值定理

如果函数 $y=f(x)$满足:

(1)在闭区间$[a, b]$上连续;

(2)在开区间(a, b)内可导;

则在开区间(a, b)内至少存在一点ξ,使得 $f'(\xi)=\frac{f(b)-f(a)}{b-a}$.

4. 柯西中值定理

设函数 $f(x)$与 $g(x)$都满足:

(1)在闭区间$[a, b]$上连续;

(2)在开区间(a,b)内可导,且在开区间(a, b)内 $g'(x)\neq 0$;

那么,在开区间(a, b)内至少存在一点ξ,使得$\frac{f(b)-f(a)}{g(b)-g(a)}=\frac{f'(\xi)}{g'(\xi)}$.

5. $\frac{0}{0}$型、$\frac{\infty}{\infty}$型、$0\cdot\infty$、$\infty-\infty$、0^0、1^∞、∞^0 型等未定式的极限

洛必达法则　如果函数 $f(x)$与函数 $g(x)$满足:

(1)$\lim\limits_{x\to x_0}f(x)=\lim\limits_{x\to x_0}g(x)=0(\infty)$;

(2)函数 $f(x)$与 $g(x)$在点 x_0 的某邻域内(点 x_0 可除外)均可导,且 $g'(x)\neq 0$;

(3)$\lim\limits_{x\to x_0}\frac{f'(x)}{g'(x)}$存在(或为无穷大);

那么

$$\lim_{x\to x_0}\frac{f(x)}{g(x)}=\lim_{x\to x_0}\frac{f'(x)}{g'(x)}.$$

洛必达法则可以用来求$\frac{0}{0}$型、$\frac{\infty}{\infty}$型、$0\cdot\infty$、$\infty-\infty$、0^0、1^∞、∞^0型等未定式的极限.虽然它们有些不能直接利用洛必达法则求解,但我们可以通过简单的变形把它们化为“$\frac{0}{0}$”型或“$\frac{\infty}{\infty}$”型,然后再用洛必达法则求出极限.

6.函数的单调性

设函数$y=f(x)$在开区间I内可导.

(1)如果对$\forall x\in I$,有$f'(x)>0$,那么函数$f(x)$在I内单调递增;

(2)如果对$\forall x\in I$,有$f'(x)<0$,那么函数$f(x)$在I内单调减少.

7.函数的极值

极值判别法Ⅰ 设函数$f(x)$在x_0处连续,且在x_0的某左、右邻域内可导:

(1)若$x<x_0$时,$f'(x)>0$,而$x>x_0$时,$f'(x)<0$,则函数$f(x)$在点x_0取极大值;

(2)若$x<x_0$时,$f'(x)<0$,而$x>x_0$时,$f'(x)>0$,则函数$f(x)$在点x_0取极小值;

(3)若在点x_0的左、右两侧$f'(x)$不变号,则函数$f(x)$在点x_0不取极值.

极值判别法Ⅱ 设函数$f(x)$在点x_0处有二阶导数,且$f'(x_0)=0$,$f''(x_0)\neq 0$:

(1)若$f''(x_0)<0$,则函数$f(x)$在点x_0处取得极大值;

(2)若$f''(x_0)>0$,则函数$f(x)$在点x_0处取得极小值.

8.函数的最值

连续函数$f(x)$在闭区间$[a,b]$上的最值只可能在极值点或区间端点取得.因此,我们得到求$f(x)$的最值的一般步骤如下:

(1)求出$f(x)$在(a,b)内的所有驻点和不可导点,计算各点的函数值;

(2)求出$f(x)$在端点的函数值$f(a)$和$f(b)$;

(3)比较求出的所有函数值,其中最大(小)者即为$f(x)$在$[a,b]$上的最大(小)值.

总习题 4

1.选择题.

(1)下列函数中,在区间$[-1,1]$上满足罗尔定理条件的是( ).

A. e^x B. $\ln|x|$ C. $1-x^2$ D. $\frac{1}{1-x^2}$

(2)下列函数在给定区间上满足罗尔定理条件的是( ).

A. $f(x)=\frac{3}{1+2x^2}$,$[-1,1]$ B. $f(x)=xe^{-x}$,$[0,1]$

C. $f(x)=\begin{cases}2+x, & x<5\\ 1, & x\geqslant 5\end{cases}$ D. $f(x)=|x|$,$[0,1]$

(3)下列函数在给定区间上不满足拉格朗日中值定理条件的是( ).

A. $f(x)=\frac{2x}{1+x^2}$,$[-1,1]$ B. $f(x)=|x|$,$[-1,2]$

C. $f(x)=4x^3-5x^2+x-2$,$[0,1]$ D. $f(x)=\ln(1+x^2)$,$[0,3]$

(4)函数 $y=\frac{x}{1+x^2}$的单调减少区间是(   ).

A. $x>1$　　B. $x<1$　　C. $|x|>1$　　D. $|x|<1$

(5)函数 $y=x+\frac{1}{x}$在(0,1)上是(   ).

A. 单调下降　　B. 先单调下降再单调上升

C. 先单调上升再单调下降　　D. 单调上升

6. 下列函数在指定区间$(-\infty,+\infty)$上单调增加的是(   ).

A. $\sin x$　　B. e^x　　C. x^2　　D. $3-x$

7. 若 x_0 是函数 $f(x)$的极值点,则(   ).

A. $f(x)$在 x_0 处极限不存在　　B. $f(x)$在点 x_0 处不连续

C. 点 x_0 是 $f(x)$的驻点　　D. $f(x)$在点 x_0 处可能不可导

8. 若收入函数 $R(q)=150q-0.01q^2$(元),则当产量 $q=100$ 时,其边际收入是(   ).

A. 150 元　　B. 149 元　　C. 149 百元　　D. 148 元

2. 填空题.

(1)在$[-1,3]$上,函数 $f(x)=1-x^2$ 满足拉格朗日中值定理中的$\xi=$________.

(2)若 $f(x)=1-x^{\frac{2}{3}}$,则在$(-1,1)$内,$f'(x)$恒不为 0,即 $f(x)$在$[-1,1]$不满足罗尔定理的一个条件是________.

(3)函数 $f(x)=e^x$ 及 $F(x)=x^2$ 在$[a,b]$$(b>a>0)$上满足柯西中值定理的条件,即存在点$\xi\in(a,b)$,有________.

(4)$y=\frac{e^x}{x}$的单调增区间是________,单调减区间是________.

(5)$y=(x-1)\cdot\sqrt[3]{x^2}$在 $x_1=$________处有极________值,在 $x_2=$________处有极________值.

(6)函数 $f(x)=\frac{1}{3}x^3-4x+2(-2\leqslant x\leqslant 1)$的最大值为________,最小值为________.

(7)$f(x)=\frac{x-1}{x+1}$在区间$[0,4]$上的最大值为________,最小值为________.

3. 说明函数 $f(x)=x^3+x^2$ 在区间$[-1,0]$上满足罗尔定理的三个条件,并求出ξ的值,使$f'(\xi)=0$.

4. 下列函数在指定区间上是否满足拉格朗日中值定理的条件,如果满足,找出使定理结论成立的ξ的值:

(1)$f(x)=2x^2+x+1$,　$[-1,3]$;　　(2)* $f(x)=\arctan x$,　$[0,1]$;

(3)$f(x)=\ln x$,　$[1,2]$.

5. 用洛必达法则求下列函数的极限:

(1)$\lim\limits_{x\to 1}\frac{x^3-3x+2}{x^3-x^2-x+1}$;　　(2)$\lim\limits_{x\to 0}\frac{\sin 3x}{\tan 5x}$;

(3)$\lim\limits_{x\to\infty}\frac{\ln(1+\frac{1}{x})}{\operatorname{arccot}x}$;　　(4)$\lim\limits_{x\to 1}(\frac{x}{x-1}-\frac{1}{\ln x})$;

(5)$\lim\limits_{x\to\infty}x(e^{\frac{1}{x}}-1)$;　　(6)$\lim\limits_{x\to+\infty}(\ln x)^{\frac{1}{x}}$;

(7) $\lim\limits_{x\to\pi}\dfrac{\sin 3x}{\tan 3x}$；

(8) $\lim\limits_{x\to 1}\dfrac{x^2-3x+2}{x^3-1}$；

(9) $\lim\limits_{x\to a}\dfrac{\sin x-\sin a}{x-a}$；

(10) $\lim\limits_{x\to+\infty}\dfrac{\ln x}{x^2}$.

6. 求下列函数的单调区间：

(1) $y=2x^3-6x^2-18x-7$；

(2) $y=2x^2-\ln x$；

(3) $y=2x+\dfrac{8}{x}$；

(4)* $y=x-2\sin x(0\leqslant x\leqslant 2\pi)$.

7. 求下列函数的极值：

(1) $y=-x^4+2x^2$；

(2) $y=-(x+1)^{\frac{2}{3}}$；

(3) $y=x^4-8x^2+2$；

(4)* $y=e^x\cos x$.

8. 求下列函数在给定区间上的最大值和最小值：

(1) $y=x^4-2x^2+5,[-2,2]$；

(2) $y=\dfrac{x^2}{1+x},[-\dfrac{1}{2},1]$；

(3)* $y=x+\sqrt{1-x},[-5,1]$.

9. 要做一圆柱形油罐，体积为 V，问底半径 r 和高 h 等于多少时，才能使表面积最小？这时底直径与高的比是多少？

10. 已知某厂生产 q 件产品的成本为 $C(q)=250+20q+\dfrac{q^2}{10}$（万元）. 问：若产品以每件 50 万元售出，要使利润最大，应生产多少件产品？

11. 设生产某种产品 x 个单位时的成本函数为：$C(x)=100+0.25x^2+6x$（万元）.

求：(1)当 $x=10$ 时的总成本、平均成本和边际成本；

(2)当产量 x 为多少时，平均成本最小？

12. 设某工厂生产某产品的固定成本为 200（百元），每生产一个单位产品，成本增加 5（百元），且已知需求函数 $q=100-2p$（其中 p 为价格，q 为产量），这种产品在市场上是畅销的.

(1)试分别列出该产品的总成本函数 $C(p)$ 和总收入函数 $R(p)$ 的表达式；

(2)求使该产品利润最大的产量及求最大利润.

13. 某厂生产一批产品，其固定成本为 2 000 元，每生产一吨产品的成本为 60 元，对这种产品的市场需求规律为 $q=1\ 000-10p$（q 为需求量，p 为价格）. 试求：

(1)成本函数，收入函数；　　(2)产量为多少吨时利润最大？

第5章　不定积分

在微分学中，我们讨论了求一个已知函数的导函数（或微分）的问题，本章将讨论相反的问题，即已知某函数的导函数，如何求出该函数.

5.1　不定积分的概念与性质

5.1.1　原函数

【引例1】 已知曲线上任意点 x 处切线斜率为 $2x$，且曲线过(0,1)点，求该曲线方程.

解　因为曲线上切线斜率为 $2x$，

即

$$F'(x)=2x,\quad 而\ F'(x)=(x^2+C)'=2x,$$

所以 $F(x)=x^2+C$，又因为曲线过(0,1)点，故 $F(x)=x^2+1$.

定义1　设 $f(x)$ 是定义在某区间 I 上的已知函数，若存在一个函数 $F(x)$，使得在该区间上每一点，都有

$$F'(x)=f(x)或\ \mathrm{d}F(x)=f(x)\mathrm{d}x,$$

则称函数 $F(x)$ 为函数 $f(x)$ 在区间 I 上的一个**原函数**.

例如，在 $(-\infty,+\infty)$ 内，因为 $(x^2)'=2x$，$(x^2+C)'=2x$（C 为任意常数），所以 x^2，x^2+C 都是 $2x$ 的原函数.

定理1(原函数存在定理) 如果函数 $f(x)$ 在区间 I 内连续，则 $f(x)$ 在该区间内的原函数必定存在.

定理2　如果函数 $f(x)$ 在区间 I 内有原函数 $F(x)$，则 $F(x)+C$（C 为任意常数）也是 $f(x)$ 在区间 I 内的原函数，且 $f(x)$ 的任一原函数均可表示成 $F(x)+C$ 的形式.

5.1.2　不定积分

定义2　如果 $F(x)$ 是函数 $f(x)$ 的一个原函数，则 $f(x)$ 的全体原函数 $F(x)+C$（C 为任意常数）称为 $f(x)$ 的不定积分，记作 $\int f(x)\mathrm{d}x$，即

$$\int f(x)\mathrm{d}x=F(x)+C.$$

式中，称“$\int$”为**积分号**，$f(x)$ 为**被积函数**，$f(x)\mathrm{d}x$ 为**被积表达式**，x 为**积分变量**，C 为**积分常数**.

由不定积分的定义可知：求已知函数 $f(x)$ 的不定积分，只需求出 $f(x)$ 的一个原函数，然后再加上任意常数 C 即可.

显然 $\int 2x\mathrm{d}x = x^2 + C$.

【例 5-1】 求下列不定积分：

(1) $\int \mathrm{e}^x \mathrm{d}x$；　　(2) $\int 3x^2 \mathrm{d}x$；

(3) $\int \cos x \mathrm{d}x$；　　(4) $\int \frac{1}{x} \mathrm{d}x$.

解　(1)因为$(\mathrm{e}^x)'=\mathrm{e}^x$，所以 e^x 是 e^x 的一个原函数，因此$\int \mathrm{e}^x \mathrm{d}x = \mathrm{e}^x + C$.

(2)由于$(x^3)'=3x^2$，所以 x^3 是 $3x^2$ 的一个原函数，因此

$$\int 3x^2 \mathrm{d}x = x^3 + C.$$

(3)因为$(\sin x)'=\cos x$，所以 $\sin x$ 是 $\cos x$ 的一个原函数，因此

$$\int \cos x \mathrm{d}x = \sin x + C.$$

(4)因为 $x>0$ 时，$(\ln x)'=\frac{1}{x}$，又 $x<0$ 时，$[\ln(-x)]'=\frac{-1}{-x}=\frac{1}{x}$，因此

$$\int \frac{1}{x} \mathrm{d}x = \ln|x| + C.$$

5.1.3　不定积分的几何意义

若 $y=F(x)$是函数 $f(x)$的一个原函数，则称 $y=F(x)$的图形是 $f(x)$的一条积分曲线. 而 $f(x)$的原函数一般表达式含有任意常数 C，所以它对应的图形是一族积分曲线，称它为 $f(x)$的积分曲线族. 因此，不定积分 $\int f(x)\mathrm{d}x$ 的几何意义是表示平面上的一族曲线，其特点是：

(1)在曲线族中横坐标相同的点 x 处，每条积分曲线上相应点的切线斜率相等，都为 $f(x)$，从而相应点的切线相互平行.

(2)积分曲线族中任意一条曲线，可由其中某一条(如 $y=F(x)$)沿 y 轴平行移动$|C|$个单位而得到.(见图 5-1)

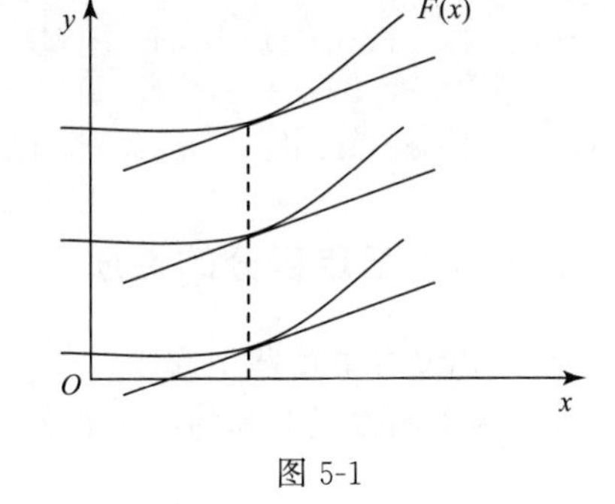

图 5-1

5.1.4　微分与不定积分的关系

微分与不定积分有如下关系：

(1) $\left(\int f(x)\mathrm{d}x\right)' = f(x)$ 或 $\mathrm{d}\left(\int f(x)\mathrm{d}x\right) = f(x)\mathrm{d}x$；

(2) $\int f'(x)\mathrm{d}x = f(x) + C$ 或 $\int \mathrm{d}f(x) = f(x) + C$.

以上表明：微分运算与积分运算是互逆的，当微分号“d”与积分号“$\int$”连在一起时，或者抵消，或者抵消后相差一个常数.

5.1.5 基本积分公式

由于求不定积分与求导数或微分互为逆运算,因此由导数的基本公式可得到基本积分公式:

(1) $\int k\mathrm{d}x = kx + C$;

(2) $\int x^{\mu}\mathrm{d}x = \frac{x^{\mu+1}}{1+\mu} + C$;$(\mu \neq -1)$

(3) $\int \frac{1}{x}\mathrm{d}x = \ln|x| + C$;

(4) $\int a^{x}\mathrm{d}x = \frac{a^{x}}{\ln a} + C$;

(5) $\int \mathrm{e}^{x}\mathrm{d}x = \mathrm{e}^{x} + C$;

(6) $\int \cos x\mathrm{d}x = \sin x + C$;

(7) $\int \sin x\mathrm{d}x = -\cos x + C$;

(8) $\int \sec^{2} x\mathrm{d}x = \int \frac{1}{\cos^{2} x}\mathrm{d}x = \tan x + C$;

(9) $\int \csc^{2} x\mathrm{d}x = \int \frac{1}{\sin^{2} x}\mathrm{d}x = -\cot x + C$;

(10) $\int \frac{1}{\sqrt{1-x^{2}}}\mathrm{d}x = \arcsin x + C = -\arccos x + C_{1}$;

(11) $\int \frac{1}{1+x^{2}}\mathrm{d}x = \arctan x + C = -\mathrm{arccot} x + C_{1}$;

(12) $\int \sec x\tan x\mathrm{d}x = \sec x + C$;

(13) $\int \csc x\tan x\mathrm{d}x = -\csc x + C$.

5.1.6 不定积分的性质

不定积分有下述两条性质:

(1)两个函数代数和的不定积分等于其不定积分的代数和,即

$$\int [f(x) \pm g(x)]\mathrm{d}x = \int f(x)\mathrm{d}x \pm \int g(x)\mathrm{d}x,$$

此性质可以推广到有限个函数的代数和的情形;

(2)被积函数中不为零的常数因子可以提到积分号前面,即

$$\int kf(x)\mathrm{d}x = k\int f(x)\mathrm{d}x (k \text{ 为常数,且 } k \neq 0).$$

【例 5-2】 求不定积分 $\int \frac{1}{x^{2}}\mathrm{d}x$.

解 $\int \frac{1}{x^{2}}\mathrm{d}x = \frac{1}{-2+1}x^{-2+1} + C$

$$=-\frac{1}{x}+C.$$

【例 5-3】 求不定积分 $\int \frac{\cos 2x}{\sin x+\cos x}\mathrm{d}x$.

解
$$\int \frac{\cos 2x}{\sin x+\cos x}\mathrm{d}x=\int \frac{\cos^2 x-\sin^2 x}{\sin x+\cos x}\mathrm{d}x$$
$$=\int(\cos x-\sin x)\mathrm{d}x$$
$$=\sin x+\cos x+C.$$

【例 5-4】 求不定积分 $\int \frac{x^2-1}{x^2+1}\mathrm{d}x$.

解
$$\int \frac{x^2-1}{x^2+1}\mathrm{d}x=\int \frac{x^2+1-2}{x^2+1}\mathrm{d}x=\int\left(1-\frac{2}{x^2+1}\right)\mathrm{d}x$$
$$=\int \mathrm{d}x-2\int \frac{\mathrm{d}x}{x^2+1}=x-2\arctan x+C.$$

【例 5-5】 设 $\int f(x)\mathrm{d}x=x\ln x+C$，求 $f(x)$.

解 $f(x)=(x\ln x+C)'=\ln x+1.$

习题 5.1

1. 选择题.

(1)下列等式中成立的是(　　).

A. $\mathrm{d}\int f(x)\mathrm{d}x=f(x)$　　B. $\frac{\mathrm{d}}{\mathrm{d}x}\int f(x)\mathrm{d}x=f(x)\mathrm{d}x$

C. $\frac{\mathrm{d}}{\mathrm{d}x}\int f(x)\mathrm{d}x=f(x)+C$　　D. $\mathrm{d}\int f(x)\mathrm{d}x=f(x)\mathrm{d}x$

(2)在区间(a,b)内，如果 $f'(x)=g'(x)$，则下列各式中一定成立的是(　　).

A. $f(x)=g(x)$　　B. $f(x)=g(x)+1$

C. $\frac{\mathrm{d}}{\mathrm{d}x}\int f(x)\mathrm{d}x=\frac{\mathrm{d}}{\mathrm{d}x}\int g(x)\mathrm{d}x$　　D. $\int f'(x)\mathrm{d}x=\int g'(x)\mathrm{d}x$

2. 利用微分运算检验下列积分的结果：

(1) $\int \frac{1}{x^4}\mathrm{d}x=-\frac{1}{3}x^{-3}+C$；　　(2) $\int \frac{x}{\sqrt{1+x^2}}\mathrm{d}x=\sqrt{1+x^2}+C$.

3. 求下列不定积分：

(1) $\int x\sqrt{x}\,\mathrm{d}x$；　　(2) $\int \mathrm{e}^{t+2}\mathrm{d}t$；

(3) $\int \frac{1+x}{x^2}\mathrm{d}x$；　　(4) $\int \frac{x-4}{\sqrt{x}+2}\mathrm{d}x$；

(5) $\int \frac{2+x^2}{1+x^2}\mathrm{d}x$；　　(6) $\int\left(1-\frac{1}{x}\right)^2\mathrm{d}x$；

(7) $\int \frac{\sin 2x}{\cos x}\mathrm{d}x$；　　(8) $\int \frac{\mathrm{e}^{2x}-1}{\mathrm{e}^x+1}\mathrm{d}x$；

(9) $\int \frac{1-\sqrt{1-\theta^2}}{\sqrt{1-\theta^2}}\mathrm{d}\theta$；　　(10) $\int \tan^2 x\mathrm{d}x$.

4. 已知某产品的边际成本是 $C'(Q)=7+\frac{25}{\sqrt{Q}}$，$Q$ 是产量. 又知固定成本是 1 000 元，试确定总成本函数和平均成本函数.

5.2 换元积分法

5.2.1 第一类换元积分法(凑微分法)

利用**公式**直接积分法可以求一些简单函数的不定积分，但当被积函数较为复杂时，直接积分法往往难以奏效，**如** $\int\sin(3x+5)\mathrm{d}x$，$\int(x+1)^{10}\mathrm{d}x$，$\int 2x\mathrm{e}^{x^2}\mathrm{d}x$，它们不能直接用公式进行积分，这是因为被积函数是一个复合函数. 我们知道，复合函数的微分法解决了许多复杂函数的求导(求微分)问题，同样，将复合函数的微分法用于求积分，即得复合函数的积分法——**换元积分法**.

【引例 2】 对于基本积分公式 $\int\mathrm{e}^u\mathrm{d}u=\mathrm{e}^u+C$，若 $u=x$ 时，$\int\mathrm{e}^x\mathrm{d}x=\mathrm{e}^x+C$；可以验证，若 $u=2x$ 时，有 $\int\mathrm{e}^{2x}\mathrm{d}(2x)=\mathrm{e}^{2x}+C$. 一般地，我们有

定理 3 设 $\int f(u)\mathrm{d}u=F(u)+C$，且 $u=\varphi(x)$ 可导，则

$$\int f[\varphi(x)]\varphi'(x)\mathrm{d}x=\int f[\varphi(x)]\mathrm{d}\varphi(x)=F[\varphi(x)]+C.$$

定理 3 指明的积分方法称为**不定积分的第一类换元积分法**.

【例 5-6】 求不定积分 $\int(2x-1)^{10}\mathrm{d}x$.

解 令 $u=2x-1$，则 $\mathrm{d}u=2\mathrm{d}x$，用 $\int u^{10}\mathrm{d}u$ 的积分公式有

$$\int(2x-1)^{10}\mathrm{d}x=\frac{1}{2}\int u^{10}\mathrm{d}u=\frac{1}{2}\cdot\frac{1}{11}u^{11}+C=\frac{1}{22}(2x-1)^{11}+C.$$

【例 5-7】 求不定积分 $\int\frac{\ln x}{x}\mathrm{d}x$.

解 令 $u=\ln x$，则 $\mathrm{d}u=\frac{1}{x}\mathrm{d}x$，所以 $\int\frac{\ln x}{x}\mathrm{d}x=\int u\mathrm{d}u=\frac{1}{2}u^2+C=\frac{1}{2}\ln^2x+C$.

当较熟悉上述换元方法后，可以不写出中间变量，而将原不定积分凑成 $\int f(\varphi(x))\mathrm{d}\varphi(x)$ 的形式. 然后直接写出结果. 因此，我们也称不定积分的第一类换元积分法为**凑微分法**.

上述例子，可简化书写过程为：

$$\int(2x-1)^{10}\mathrm{d}x=\frac{1}{2}\int(2x-1)^{10}\mathrm{d}(2x-1)=\frac{1}{22}(2x-1)^{11}+C;$$

$$\int\frac{\ln x}{x}\mathrm{d}x=\int\ln x\mathrm{d}(\ln x)=\frac{1}{2}\ln^2x+C.$$

【例 5-8】 求不定积分 $\int\frac{1}{1+\mathrm{e}^x}\mathrm{d}x$.

解　$\int \frac{1}{1+e^x}dx = \int \frac{1+e^x-e^x}{1+e^x}dx = \int\left(1-\frac{e^x}{1+e^x}\right)dx$

$$= \int dx - \int \frac{1}{1+e^x}d(1+e^x) = x - \ln(1+e^x) + C.$$

【例 5-9】　求不定积分 $\int \tan x dx$ 及 $\int \cot x dx$.

解　$\int \tan x dx = \int \frac{\sin x}{\cos x}dx = -\int \frac{1}{(\cos x)}d(\cos x) = -\ln|\cos x| + C.$

同理可得：$\int \cot x dx = \ln|\sin x| + C.$

【例 5-10】　$\int \csc x dx$.

解　$\int \csc x dx = \int \frac{1}{\sin x}dx = \int \frac{dx}{2\sin\frac{x}{2}\cos\frac{x}{2}}$

$$= \int \frac{\cos\frac{x}{2}}{2\sin\frac{x}{2}\cos^2\frac{x}{2}}dx = \int \frac{d\frac{x}{2}}{\tan\frac{x}{2}\cos^2\frac{x}{2}}$$

$$= \int \frac{d\tan\frac{x}{2}}{\tan\frac{x}{2}} = \ln\left|\tan\frac{x}{2}\right| + C.$$

又　$\tan\frac{x}{2} = \frac{1-\cos x}{\sin x} = \csc x - \cot x$，

$$\int \csc x dx = \ln|\csc x - \cot x| + C.$$

同理可得：$\int \sec x dx = \ln|\sec x + \tan x| + C.$

【例 5-11】　求不定积分 $\int \frac{1}{a^2+x^2}dx$.

解　$\int \frac{1}{a^2+x^2}dx = \frac{1}{a^2}\int \frac{1}{1+\left(\frac{x}{a}\right)^2}dx = \frac{1}{a}\int \frac{1}{1+\left(\frac{x}{a}\right)^2}d\left(\frac{x}{a}\right) = \frac{1}{a}\arctan\frac{x}{a} + C.$

【例 5-12】　求不定积分 $\int \frac{1}{\sqrt{a^2-x^2}}dx$.

解　$\int \frac{1}{\sqrt{a^2-x^2}}dx = \int \frac{1}{\sqrt{1-\left(\frac{x}{a}\right)^2}}d\left(\frac{x}{a}\right) = \arcsin\frac{x}{a} + C.$

由微分公式，可以有下面常见的凑微分公式：

(1) $dx = \frac{1}{a}d(ax+b)$；　　(2) $x dx = \frac{1}{2}dx^2$；

(3) $\frac{1}{\sqrt{x}}dx = 2d\sqrt{x}$；　　(4) $\frac{1}{x}dx = d\ln|x|$；

(5) $\frac{1}{x^2}dx = -d\frac{1}{x}$；　　(6) $\sin x dx = -d\cos x$；

(7) $e^x dx = de^x$；　　(8) $\sec^2 x dx = d\tan x$；

(9) $\frac{1}{1+x^2}dx = d\ \arctan x$；　　(10) $\frac{dx}{\sqrt{1-x^2}} = d\ \arcsin x$.

【例 5-13】 求不定积分 $\int \sqrt{\cos x}\sin x dx$.

解
$$\int \sqrt{\cos x}\sin x dx = -\int \sqrt{\cos x}\, d(\cos x) = -\frac{2}{3}\cos^{\frac{3}{2}} x + C.$$

【例 5-14】 求不定积分 $\int \sec^4 x dx$

解
$$\int \sec^4 x dx = \int (\tan^2 x + 1)\sec^2 x dx = \int (\tan^2 x + 1) d\tan x = \frac{1}{3}\tan^3 x + \tan x + C.$$

*5.2.2 第二类换元积分法

第一换元积分法是将积分 $\int f[\varphi(x)]\varphi'(x)dx$ 中的 $\varphi(x)$ 用一个新的变量 u 替换，化为积分 $\int f(u)du$，从而使不定积分容易计算，我们也常会遇到与此相反的情形，$\int f(x)dx$ 不易求出. 这时，引入新积分变量 t，将 x 表示为 t 的一个连续函数 $x=\varphi(t)$，求 $\int f[\varphi(t)]\varphi'(t)dt$ 的积分. 这种求积分的方法，称为第二换元积分法.

定理 4 设函数 $x=\varphi(t)$ 单调可导，且 $\varphi'(t)\neq 0$，又 $f[\varphi(t)]\varphi'(t)$ 有原函数 $F(t)$，则
$$\int f(x)dx = \int f[\varphi(t)]\varphi'(t)dt = F(t) + C = F[\varphi^{-1}(x)] + C,$$
其中 $t=\varphi^{-1}(x)$ 是 $x=\varphi(t)$ 的反函数.

定理 4 中指明的积分方法称为**不定积分的第二类换元积分法**.

【例 5-15】 $\int \frac{1}{1+\sqrt{x}}dx$.

解 令 $\sqrt{x}=t(t>0)$，则 $x=t^2$，$dx=2tdt$，于是
$$\int \frac{1}{1+\sqrt{x}}dx = \int \frac{1}{1+t}2tdt = 2\int \frac{t+1-1}{1+t}dt$$
$$= 2\int (1-\frac{1}{1+t})dt = 2\int dt - 2\int \frac{1}{1+t}dt$$
$$= 2t - 2\ln|1+t| + C = 2\sqrt{x} - 2\ln|1+\sqrt{x}| + C.$$

当被积函数含有 $\sqrt{a^2-x^2}$，$\sqrt{a^2+x^2}$，$\sqrt{x^2-a^2}\ (a>0)$ 时，往往需要使用三角变换公式才能消去根号，我们把这种变换成为**三角变换**，一般地

对 $\sqrt{a^2-x^2}$，令 $x=a\sin t\left(t\in\left[-\frac{\pi}{2},\frac{\pi}{2}\right]\right)$，则 $\sqrt{a^2-x^2}=a\cos t$，$dx=a\cos t dt$；

对 $\sqrt{a^2+x^2}$，令 $x=a\tan t\left(\mathrm{t}\in\left(-\dfrac{\pi}{2},\dfrac{\pi}{2}\right)\right)$，则 $\sqrt{a^2+x^2}=a\sec t$，$\mathrm{d}x=a\sec^2 t\mathrm{d}t$；

对 $\sqrt{x^2-a^2}$，令 $x=a\sec t\left(t\in\left(0,\dfrac{\pi}{2}\right)\cup\left(\dfrac{\pi}{2},\pi\right)\right)$，则 $\sqrt{x^2-a^2}=a|\tan t|$，$\mathrm{d}x=a\sec t\tan t\mathrm{d}t$.

为了将变量还原，应用直角三角形的边角关系：图 5-2 中的(Ⅰ)，作出以 t 为锐角，斜边为 a 的直角三角形，则有

$x=a\sin t$，$t=\arcsin\dfrac{x}{a}$，$\sin t=\dfrac{x}{a}$，$\cos t=\dfrac{\sqrt{a^2-x^2}}{a}$等，

同理可得其他关系. 这里无特别声明，我们一般选择 $t\in\left(0,\dfrac{\pi}{2}\right)$.

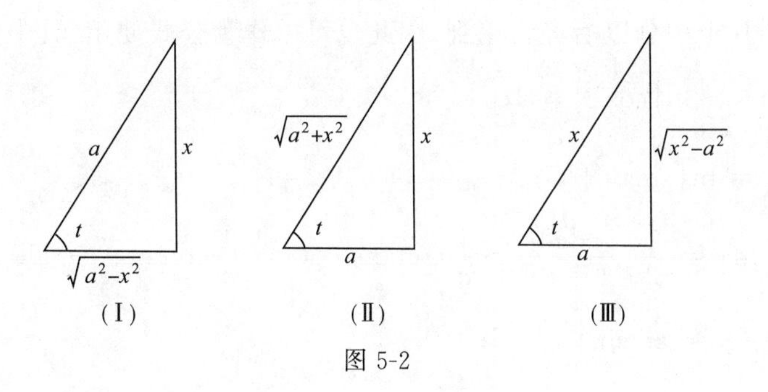

图 5-2

【例 5-16】 求不定积分 $\int\sqrt{a^2-x^2}\,\mathrm{d}x\quad(a>0)$.

解 令 $x=a\sin t$，则 $\mathrm{d}x=a\cos t\mathrm{d}t$，$\sqrt{a^2-x^2}=a\cos t$，

$$\text{则}\int\sqrt{a^2-x^2}\,\mathrm{d}x=\int a^2\cos^2 t\mathrm{d}t=a^2\int\frac{1+\cos 2t}{2}\mathrm{d}t$$
$$=\frac{a^2}{2}t+\frac{a^2}{4}\sin 2t+C=\frac{a^2}{2}t+\frac{a^2}{2}\sin t\cos t+C$$
$$=\frac{a^2}{2}\arcsin\frac{x}{a}+\frac{x}{2}\sqrt{a^2-x^2}+C,$$

即 $$\int\sqrt{a^2-x^2}\,\mathrm{d}x=\frac{a^2}{2}\arcsin\frac{x}{a}+\frac{x}{2}\sqrt{a^2-x^2}+C.$$

*【例 5-17】 求不定积分 $\int\dfrac{\mathrm{d}x}{\sqrt{x^2+4}}$.

解 令 $x=2\tan t$，则 $\sqrt{4+x^2}=2\sec t$，$dx=2\sec^2 t\mathrm{d}t$

所以 $$\int\frac{\mathrm{d}x}{\sqrt{x^2+4}}=\int\frac{2\sec^2 t}{2\sec t}\mathrm{d}t=\int\sec t dt$$
$$=\ln|\sec t+\tan t|+C=\ln\left|\frac{\sqrt{x^2+4}}{2}+\frac{x}{2}\right|+C$$
$$=\ln\left|\sqrt{x^2+4}+x\right|+C_1\quad(\text{其中 }C_1=C-\ln a).$$

*【例 5-18】 求不定积分 $\int\dfrac{\mathrm{d}x}{\sqrt{x^2-a^2}}\quad(a>0)$.

解 令 $x=a\sec t(t\in\left(0,\dfrac{\pi}{2}\right))$，则 $\sqrt{x^2-a^2}=a\tan t$，$\mathrm{d}x=a\sec t\tan t\mathrm{d}t$.

所以 $\displaystyle\int\frac{\mathrm{d}x}{\sqrt{x^2-a^2}}=\int\frac{a\sec t\cdot\tan t}{a\tan t}\mathrm{d}t$

$$=\int\sec t\mathrm{d}t=\ln|\sec t+\tan t|+C_1$$

$$=\ln\left|\frac{x}{a}+\frac{\sqrt{x^2-a^2}}{a}\right|+C_1$$

$$=\ln\left|x+\sqrt{x^2-a^2}\right|+C\quad(\text{其中 } C=C_1-\ln a),$$

综合例 17、例 18,得

$$\int\frac{\mathrm{d}x}{\sqrt{x^2\pm a^2}}=\ln\left|x+\sqrt{x^2\pm a^2}\right|+C\quad(a>0).$$

以上例题中的几个积分以后经常用到,因此也可以作为公式使用(其中常数 $a>0$):

(11) $\displaystyle\int\tan x\mathrm{d}x=-\ln|\cos x|+C$;

(12) $\displaystyle\int\cot x\mathrm{d}x=\ln|\sin x|+C$;

(13) $\displaystyle\int\frac{1}{a^2+x^2}\mathrm{d}x=\frac{1}{2}\int\frac{\mathrm{d}u}{1+u^2}=\frac{1}{a}\arctan u+C=\frac{1}{a}\arctan\frac{x}{a}+C$;

(14) $\displaystyle\int\frac{\mathrm{d}x}{\sqrt{a^2-x^2}}=\arcsin\frac{x}{a}+C$;

(15) $\displaystyle\int\csc x\mathrm{d}x=\ln|\csc x-\cot x|+C$;

(16) $\displaystyle\int\sec x\mathrm{d}x=\ln|\sec x+\tan x|+C$;

(17) $\displaystyle\int\sqrt{a^2-x^2}\mathrm{d}x=\frac{a^2}{2}\arcsin\frac{x}{a}+\frac{x}{2}\sqrt{a^2-x^2}+C$;

(18) $\displaystyle\int\frac{\mathrm{d}x}{\sqrt{x^2\pm a^2}}=\ln\left|x+\sqrt{x^2\pm a^2}\right|+C$.

习题 5.2

1. 求下列积分:

(1) $\displaystyle\int\frac{1}{4x-3}\mathrm{d}x$;　　(2) $\displaystyle\int\cos 5x\mathrm{d}x$;

(3) $\displaystyle\int\sqrt{3x+1}\mathrm{d}x$;　　(4) $\displaystyle\int\mathrm{e}^{2x+1}\mathrm{d}x$.

2. 用第一类换元积分法求下列不定积分:

(1) $\displaystyle\int\frac{x}{1-x^2}\mathrm{d}x$;　　(2) $\displaystyle\int\frac{1}{(1-2x)^2}\mathrm{d}x$;

(3) $\displaystyle\int\frac{1+\ln x}{x}\mathrm{d}x$;　　(4) $\displaystyle\int\frac{\cos x}{\sin^3 x}\mathrm{d}x$;

(5) $\displaystyle\int\frac{\mathrm{d}x}{\mathrm{e}^x+\mathrm{e}^{-x}}$;　　(6) $\displaystyle\int x\sqrt{1-x^2}\mathrm{d}x$.

3. 用第二类换元积分法求下列不定积分:

(1) $\displaystyle\int\frac{1}{1+\sqrt[3]{x}}\mathrm{d}x$;　　(2) $\displaystyle\int\frac{1}{1+\sqrt{2x}}\mathrm{d}x$;

(3) $\int \frac{x}{\sqrt[3]{3x+1}}\mathrm{d}x$；　　(4) $\int \sqrt{1-x^2}\,\mathrm{d}x$.

5.3　分部积分法

换元积分法应用范围虽然较广,但它不能求 $\int \ln x\mathrm{d}x$, $\int x\sin x\mathrm{d}x$, $\int \mathrm{e}^x\cos x\mathrm{d}x$ 等形式的积分.本节将从函数乘积的微分公式出发,引出求解这类积分的分部积分法.

定理 5　若函数 $u=u(x)$,$v=v(x)$具有连续导数,则

$$\int uv'\mathrm{d}x = uv - \int u'v\mathrm{d}x,$$

$$\text{或} \int u\mathrm{d}v = uv - \int v\mathrm{d}u.$$

证明　设函数 $u=u(x)$,$v=v(x)$都有连续导数,则由求导法则

$$(uv)'=u'v+uv' \text{ 或 } \mathrm{d}(uv)=v\mathrm{d}u+u\mathrm{d}v,$$

两边积分得

$$uv = \int v\mathrm{d}u + \int u\mathrm{d}v,$$

移项,有

$$\int u\mathrm{d}v = uv - \int v\mathrm{d}u.$$

【例 5-19】　求不定积分 $\int x\mathrm{e}^x\mathrm{d}x$.

解　设 $u=x$,$\mathrm{d}v=\mathrm{e}^x\mathrm{d}x$,则 $v=\mathrm{e}^x$,$\mathrm{d}u=\mathrm{d}x$.于是

$$\int x\mathrm{e}^x\mathrm{d}x = x\mathrm{e}^x - \int \mathrm{e}^x\mathrm{d}x = x\mathrm{e}^x - \mathrm{e}^x + C.$$

【例 5-20】　求不定积分 $\int x\cos x\mathrm{d}x$.

解　设 $u=x$,$\mathrm{d}v=\cos x\mathrm{d}x$,则 $v=\sin x$,$\mathrm{d}u=\mathrm{d}x$,代入公式得

$$\int x\cos x\mathrm{d}x = x\sin x - \int \sin x\mathrm{d}x = x\sin x + \cos x + C.$$

【例 5-21】　求不定积分 $\int x\ln x\mathrm{d}x$.

解　$\int x\ln x\mathrm{d}x = \frac{1}{2}\int \ln x\mathrm{d}(x^2) = \frac{1}{2}x^2\ln x - \frac{1}{2}\int x\mathrm{d}x = \frac{1}{2}x^2\ln x - \frac{1}{4}x^2 + C.$

【例 5-22】　求不定积分 $\int x\arctan x\mathrm{d}x$.

解

$$\begin{aligned}\int x\arctan x\mathrm{d}x &= \frac{1}{2}\int \arctan x\mathrm{d}(x^2) = \frac{1}{2}x^2\arctan x - \frac{1}{2}\int \frac{x^2}{1+x^2}\mathrm{d}x \\ &= \frac{1}{2}x^2\arctan x - \frac{1}{2}\int\left(1-\frac{1}{1+x^2}\right)\mathrm{d}x \\ &= \frac{x^2}{2}\arctan x - \frac{1}{2}x + \frac{1}{2}\arctan x + C.\end{aligned}$$

【例 5-23】　求不定积分 $\int \mathrm{e}^x\sin x\mathrm{d}x$.

解 $\int e^x \sin x dx = \int \sin x d(e^x) = e^x \sin x - \int e^x \cos x dx$

$$= e^x \sin x - \int \cos x d(e^x) = e^x \sin x - e^x \cos x - \int e^x \sin x dx,$$

移项整理得
$$2\int e^x \sin x dx = e^x(\sin x - \cos x) + C_1.$$

所以
$$\int e^x \sin x dx = \frac{1}{2}e^x(\sin x - \cos x) + C.$$

通过上面例题可以看出,分部积分法适用于不同类型函数乘积的不定积分.当被积函数是幂函数 x^n(n 为正整数)和正(余)弦函数的乘积,或幂函数 x^n(n 为正整数)和指数函数 e^{kx} 的乘积时,设 u 为幂函数 x^n,则每用一次分部积分公式,幂函数 x^n 的幂次就降低一次.所以,若 $n>1$,就需要连续使用分部积分法才能求出不定积分.当被积函数是幂函数和反三角函数或幂函数和对数函数的乘积时,设 u 为反三角函数或对数函数,这时 u' 可以转化函数类型,从而简化计算.下面给出常见的几类被积函数中 u,dv 的选

(1) $\int x^n e^{kx} dx$,设 $u = x^n$,$dv = e^{kx} dx$,

(2) $\int x^n \sin(ax+b) dx$,设 $u = x^n$,$dv = \sin(ax+b) dx$,

(3) $\int x^n \cos(ax+b) dx$,设 $u = x^n$,$dv = \cos(ax+b) dx$,

(4) $\int x^n \ln x dx$,设 $u = \ln x$,$dv = x^n dx$,

(5) $\int x^n \arcsin(ax+b) dx$,设 $u = \arcsin(ax+b)$,$dv = x^n dx$,

(6) $\int x^n \arctan(ax+b) dx$,设 $u = \arctan(ax+b)$,$dv = x^n dx$,

(7) $\int e^{kx} \sin(ax+b) dx$ 和 $\int e^{kx} \cos(ax+b) dx$,对 u 和 dv 随意选择,但是要用两次分部积分,两次积分过程中的 u 与 v' 要保持函数类型一致.并且在移项后,等式右端加任意常数 C.

习题 5.3

1.求下列不定积分:

(1) $\int x e^{-3x} dx$;　　(2) $\int x \sin 4x dx$;

(3) $\int \frac{\ln x}{x^2} dx$;　　(4) $\int \arcsin x dx$;

(5) $\int \operatorname{arccot} x dx$;　　(6) $\int x \csc^2 x dx$.

2.求下列不定积分:

(1) $\int e^x \cos x dx$;　　(2) $\int \frac{\arctan e^x}{e^x} dx$.

*5.4　有理函数和三角函数有理式的不定积分

5.4.1　有理函数的不定积分

计算有理函数的不定积分，要用到一些代数的相关知识.

有理函数的一般形式为$\frac{P(x)}{Q(x)}$，其中$P(x)$和$Q(x)$都是多项式. 即

$$\frac{P(x)}{Q(x)}=\frac{a_0x^n+a_1x^{n-1}+\cdots+a_n}{b_0x^m+b_1x^{m-1}+\cdots+b_m}.$$

若$P(x)$的次数大于或等于$Q(x)$的次数（即$n\geqslant m$），称为有理假分式，若$P(x)$的次数小于$Q(x)$的次数（即$n<m$），称为有理真分式.

一个重要结论：任何有理假分式$\frac{P(x)}{Q(x)}$，通过多项式的除法，都能化为一个多项式$T(x)$与一个有理真分式$\frac{P_1(x)}{Q(x)}$之和. 即

$$\frac{P(x)}{Q(x)}=T(x)+\frac{P_1(x)}{Q(x)}.$$

例如，$\frac{x^4-3}{x^2+2x+1}=x^2+2x+3-\frac{4x+6}{x^2+2x+1}$. 可见，**任可有理函数的不定积分，都可以化为多项式的积分和有理真分式的不定积分之和.** 而多项式的不定积分很简单，因此只要讨论有理真分式的不定积分的计算方法即可.

先介绍两个定理.

定理 6　（多项式的因式分解定理） 任何实系数多项式$Q(x)$总可以唯一地分解为实系数一次或二次因式的乘积：

$$Q(x)=b_0(x-a)^k\cdots(x-b)^i(x^2+px+q)^s\cdots(x^2+rx+h)^v.$$

例如，$x^5+x^4-5x^3-2x^2+4x-8=(x-2)(x+2)^2(x^2-x+1)$.

定理 7　（分项分式定理）

$$\begin{aligned}\frac{P(x)}{Q(x)}=&\frac{A_1}{(x-a)}+\frac{A_2}{(x-a)^2}+\cdots+\frac{A_k}{(x-a)^k}+\\&\frac{B_1}{(x-b)}+\frac{B_2}{(x-b)^2}+\cdots+\frac{B_i}{(x-b)^i}+\cdots+\\&\frac{P_1x+Q_1}{x^2+px+q}+\frac{P_2x+Q_2}{(x^2+px+q)^2}+\cdots+\frac{P_sx+Q_s}{(x^2+px+q)^s}+\cdots+\\&\frac{R_1x+H_1}{x^2+rx+h}+\cdots+\frac{R_2x+H_2}{(x^2+rx+h)^2}+\cdots+\frac{R_vx+H_v}{(x^2+rx+h)^v}.\end{aligned}$$

由分项分式定理，有理真分式$\frac{P(x)}{Q(x)}$总能表为若干个简单分式之和.

将有理函数分项分式后，有理函数的积分问题就归结为

$$\int\frac{\mathrm{d}x}{(x-a)^m}\quad 和\quad \int\frac{Mx+N}{(x^2+px+q)^n}\mathrm{d}x$$

这两类积分的问题.因此,将有理函数分成分项分式对计算不定积分可以起到化繁为简的作用,接下来主要是解决

$$\int \frac{\mathrm{d}x}{(x-a)^m} \quad 和 \quad \int \frac{Mx+N}{(x^2+px+q)^n}\mathrm{d}x$$

这两类不定积分的问题.

第一类很简单:

$$\int \frac{\mathrm{d}x}{(x-a)^m} = \begin{cases} \ln|x-a|+C, & m=1, \\ \dfrac{1}{1-m}(x-a)^{1-m}+C, & m\neq 1. \end{cases}$$

第二类比较复杂:通过例2来说明.

【例 5-24】 求不定积分 $\int \frac{2x-1}{x^2+5x+6}\mathrm{d}x$.

解:将被积函数分成分项分式

$$\frac{2x-1}{x^2+5x+6} = \frac{2x-1}{(x-2)(x-3)} = \frac{A}{x-2}+\frac{B}{x-3}$$

两边同乘$(x-2)(x-3)$,得

$$2x-1=A(x-3)+B(x-2).$$

比较两边对应项的系数,得

$$\begin{cases} A+B=2, \\ 3A+2B=1. \end{cases}$$

解之得 $A=-3, B=5$.

于是
$$\frac{2x-1}{x^2-5x+6} = \frac{5}{x-3}-\frac{3}{x-2},$$

所以
$$\int \frac{2x-1}{x^2+5x+6}\mathrm{d}x = \int\left(\frac{5}{x-3}-\frac{3}{x-2}\right)\mathrm{d}x = \ln\left|\frac{(x-3)^5}{(x-2)^3}\right|+C.$$

【例 5-25】 求 $\int \frac{2x^4-x^3+4x^2+9x-10}{x^5+x^4-5x^3-2x^2+4x-8}\mathrm{d}x$

解:由于

$$\frac{2x^4-x^3+4x^2+9x-10}{x^5+x^4-5x^3-2x^2+4x-8} = \frac{1}{x-2}+\frac{2}{x+2}-\frac{1}{(x+2)^2}-\frac{x-1}{x^2-x+1},$$

在这里,关键是计算不定积分 $\int \frac{x-1}{x^2-x+1}\mathrm{d}x$,方法是“凑微分”,但要用一点点技巧.

$$\begin{aligned} \int \frac{x-1}{x^2-x+1}\mathrm{d}x &= \frac{1}{2}\int \frac{2x-2}{x^2-x+1}\mathrm{d}x = \frac{1}{2}\int \frac{2x-1}{x^2-x+1}\mathrm{d}x - \frac{1}{2}\int \frac{1}{x^2-x+1}\mathrm{d}x \\ &= \frac{1}{2}\int \frac{1}{x^2-x+1}\mathrm{d}(x^2-x+1) - \frac{1}{2}\int \frac{\mathrm{d}x}{\left(x-\frac{1}{2}\right)+\frac{3}{4}} \\ &= \frac{1}{2}\ln(x^2-x+1) - \frac{1}{\sqrt{3}}\arctan\frac{2x-1}{\sqrt{3}}+C. \end{aligned}$$

$$\int \frac{2x^4 - x^3 + 4x^2 + 9x - 10}{x^5 + x^4 - 5x^3 - 2x^2 - 4x - 8}dx$$

$$= \int\left(\frac{1}{x-2} + \frac{1}{x+2} - \frac{1}{(x+2)^2} - \frac{x-1}{x^2-x+1}\right)dx$$

$$= \ln|x-2| + 2\ln|x+2| + \frac{1}{x+2} - \frac{1}{2}\ln(x^2-x+1) + \frac{1}{\sqrt{3}}\arctan\frac{2x-1}{\sqrt{3}} + C$$

$$= \ln\frac{|x-2|(x+2)^2}{\sqrt{x^2-x+1}} + \frac{1}{x+2} + \frac{1}{\sqrt{3}}\arctan\frac{2x-1}{\sqrt{3}} + C.$$

5.4.2　三角函数有理式的不定积分

$\int R(\sin x,\cos x)dx$ 是三角函数有理式的不定积分. 一般通过变换 $t=\tan\frac{x}{2}$,可把它化为有理函数的不定积分. 这是因为

$$\sin x = \frac{2\sin\frac{x}{2}\cos\frac{x}{2}}{\sin^2\frac{x}{2}+\cos^2\frac{x}{2}} = \frac{2\tan\frac{x}{2}}{1+\tan^2\frac{x}{2}} = \frac{2t}{1+t^2},$$

$$\cos x = \frac{\cos^2\frac{x}{2}-\sin^2\frac{x}{2}}{\sin^2\frac{x}{2}+\cos^2\frac{x}{2}} = \frac{1-\tan^2\frac{x}{2}}{1+\tan^2\frac{x}{2}} = \frac{1-t^2}{1+t^2}.$$

所以 $\int R(\sin x,\cos x)dx = \int R\left(\frac{2t}{1+t^2},\frac{1-t^2}{1+t^2}\right)\frac{2}{1+t^2}dt$.

【例 5-26】 求 $\int\frac{1+\sin x}{\sin x(1+\cos x)}dx$.

解:令 $t=\tan\frac{x}{2}$,将 $\sin x,\cos x$ 代入被积表达式,

$$\int\frac{1+\sin x}{\sin x(1+\cos x)}dx = \int\frac{1+\frac{2t}{1+t^2}}{\frac{2t}{1+t^2}\left(1+\frac{1-t^2}{1+^2}\right)}\cdot\frac{2}{1+t^2}dt$$

$$= \int\frac{1}{2}\left(t+2+\frac{1}{t}\right)dt = \frac{1}{2}\left(\frac{t^2}{2}+2t+\ln|t|\right)+C$$

$$= \frac{1}{2}\tan^2\frac{x}{2} + \frac{1}{2}\ln\left|\tan\frac{x}{2}\right| + C.$$

注意: 上面所用的变换 $t=\tan\frac{x}{2}$ 对三角函数有理式的不定积分虽然总是有效的,但并不意味着在任何场合都是简便的.

【例 5-27】 求 $\int\frac{dx}{a^2\sin^2x+b^2\cos^2x}(ab\neq 0)$.

解:由于 $\int\frac{dx}{a^2\sin^2x+b^2\cos^2x} = \int\frac{\sec^2x}{a^2\tan^2+b^2}dx = \int\frac{d(\tan x)}{a^2\tan^2x+b^2}$,

故令 $t=\tan x$,就有

$$\int \frac{\mathrm{d}x}{a^2\sin^2+b^2\cos^2 x}=\int \frac{\mathrm{d}t}{a^2t^2+b^2}=\frac{1}{a}\int \frac{d(at)}{(at)^2+b^2}$$

$$=\frac{1}{ab}\arctan\frac{at}{b}+C=\frac{1}{ab}\arctan\left(\frac{1}{ab}\tan x\right)+C.$$

通常当被积函数是 $\sin^2 x,\cos^2 x$ 及 $\sin x\cos x$ 的有理式时，采用变换 $t=\tan x$ 往往较为简便. 其他特殊情形可因题而异，选择合适的变换.

本章小结

一、基本概念

1. 原函数

设 $f(x)$ 是定义在某区间 I 上的已知函数，若存在一个函数 $F(x)$，使得在该区间上每一点，都有 $F'(x)=f(x)$ 或 $\mathrm{d}F(x)=f(x)\mathrm{d}x$，则称函数 $F(x)$ 为函数 $f(x)$ 在区间 I 上的一个**原函数**.

2. 不定积分

函数 $f(x)$ 的所有原函数，称为 $f(x)$ 的**不定积分**，

记作 $$\int f(x)\mathrm{d}x.$$

3. 积分公式

(1) $\int k\mathrm{d}x=kx+C$，

(2) $\int x^\mu \mathrm{d}x=\frac{x^{\mu+1}}{1+\mu}+C,(\mu\neq -1)$

(3) $\int \frac{1}{x}\mathrm{d}x=\ln|x|+C$，

(4) $\int a^x\mathrm{d}x=\frac{a^x}{\ln a}+C$，

(5) $\int \mathrm{e}^x\mathrm{d}x=\mathrm{e}^x+C$，

(6) $\int \cos x\mathrm{d}x=\sin x+C$，

(7) $\int \sin x\mathrm{d}x=-\cos x+C$，

(8) $\int \sec^2 x\mathrm{d}x=\int \frac{1}{\cos^2 x}\mathrm{d}x=\tan x+C$，

(9) $\int \csc^2 x\mathrm{d}x=\int \frac{1}{\sin^2 x}\mathrm{d}x=-\cot x+C$，

(10) $\int \frac{\mathrm{d}x}{\sqrt{1-x^2}}\mathrm{d}x=\arcsin x+C=-\arccos x+C$，

(11) $\int \frac{1}{1+x^2}\mathrm{d}x=\arctan x+C=-\mathrm{arccot}x+C$，

(12) $\int \sec x\tan x\mathrm{d}x=\sec x+C$，

(13) $\int \csc x \tan x \mathrm{d}x = -\csc x + C$，

(14) $\int \tan x \mathrm{d}x = -\ln|\cos x| + C$，

(15) $\int \cot x \mathrm{d}x = \ln|\sin x| + C$，

(16) $\int \frac{1}{a^2 + x^2}\mathrm{d}x = \frac{1}{a}\int \frac{\mathrm{d}u}{1+u^2} = \frac{1}{a}\arctan u + C = \frac{1}{a}\arctan\frac{x}{a} + C$，

(17) $\int \frac{\mathrm{d}x}{\sqrt{a^2 - x^2}} = \arcsin\frac{x}{a} + C$，

(18) $\int \csc x \mathrm{d}x = \ln|\csc x - \cot x| + C$，

(19) $\int \sec x \mathrm{d}x = \ln|\sec x + \tan x| + C$.

二、不定积分的性质

(1)求不定积分与求导数或微分互为逆运算.

① $\left(\int f(x)\mathrm{d}x\right)' = f(x)$　　或　　$\mathrm{d}\int f(x)\mathrm{d}x = f(x)\mathrm{d}x$.

② $\int f'(x)\mathrm{d}x = f(x) + C$　或　$\int \mathrm{d}f(x) = f(x) + C$.

(2)被积函数中不为零的常数因子可以提到积分号前面.即

$$\int kf(x)\mathrm{d}x = k\int f(x)\mathrm{d}x \qquad (k\neq 0, k \text{ 为常数}).$$

(3)有限个函数代数和的积分,等于各函数积分的代数和.即

$$\int [f_1(x) \pm f_2(x) \pm \cdots \pm f_n(x)]\mathrm{d}x = \int f_1(x)\mathrm{d}x \pm \int f_2(x)\mathrm{d}x \pm \cdots \pm \int f_n(x)\mathrm{d}x.$$

三、求不定积分的基本方法

1.公式法

将被积函数经过恒等变形,直接利用基本公式进行积分.

2.第一换元法

如果已知 $y=f(x)$有原函数 $F(x)$,求 $\int f[\varphi(x)]\varphi'(x)\mathrm{d}x$ 或 $\int f[\varphi(x)]\mathrm{d}\varphi(x)$，设 $u=\varphi(x)$.从而有

$$\int f[\varphi(x)]\varphi'(x)\mathrm{d}x = \int f(u)\mathrm{d}u = F(u) + C = F[\varphi(x)] + C.$$

3.第二换元法

求不定积分 $\int f(x)\mathrm{d}x$ 不能求出,令 $x=\varphi(x)$,从而转为求 $\int f[\varphi(x)]\varphi'(x)\mathrm{d}x$，得到结果后,再代回原变量.

4.分部积分法

$\int u(x)v'(x)\mathrm{d}x = u(x)v(x) - \int u'(x)v(x)\mathrm{d}x$，即如果要求的积分 $\int u(x)v'(x)\mathrm{d}x$ 不容易计算,可以用公式转而求积分 $\int v(x)u'(x)\mathrm{d}x$.

总习题 5

1. 选择题.

(1)在切线斜率为 $2x$ 的积分曲线族中,通过点(1, 4)的曲线为(　　).

A. $y=x^2+3$　　B. $y=x^2+4$　　C. $y=2x+2$　　D. $y=4x$

(2)若 $f(x)$的一个原函数为$\frac{1}{x}$,则 $f'(x)=$(　　).

A. $\frac{2}{x^3}$　　B. $-\frac{1}{x^2}$　　C. $\frac{1}{x}$　　D. $\ln|x|$

(3)设 $\int f(x)\mathrm{d}x=\frac{\ln x}{x}+C$, 则 $f(x)=$(　　).

A. $\ln|\ln x|$　　B. $\frac{\ln x}{x}$　　C. $\frac{1-\ln x}{x^2}$　　D. $\ln^2 x$

(4) $\int \frac{1}{2x-1}\mathrm{d}x=$(　　).

A. $\ln(2x)-1+C$　　B. $\ln(2x-1)+C$

C. $\frac{1}{2}\ln(2x-1)+C$　　D. $-\frac{2}{(2x-1)^2}+C$

(5)若 $\int f(x)\mathrm{d}x=\ln|x|+C$, 则 $f'(x)=$(　　).

A. $\frac{1}{x}$　　B. $-\frac{1}{x}$　　C. $-\frac{1}{x^2}$　　D. $x\ln x$

(6)下列等式成立的是(　　).

A. $\frac{1}{\sqrt{x}}\mathrm{d}x=\mathrm{d}\sqrt{x}$　　B. $x^3\mathrm{d}x=\mathrm{d}\frac{x^2}{2}$

C. $\tan x\mathrm{d}x=\mathrm{d}\left(\frac{1}{\cos^2 x}\right)$　　D. $\frac{1}{x^2}\mathrm{d}x=-\mathrm{d}\frac{1}{x}$

(7)若 $f(x)$的一个原函数是 $\sin x$,则 $\int f(x)\mathrm{d}x=$(　　).

A. $\sin x+C$　　B. $\cos x+C$

C. $-\sin x+C$　　D. $-\cos x+C$

(8)若 $F'(x)=f(x)$,则(　　)成立.

A. $\int F'(x)\mathrm{d}x=f(x)+C$　　B. $\int f(x)\mathrm{d}x=F(x)+C$

C. $\int F(x)\mathrm{d}x=f(x)+C$　　D. $\int f'(x)\mathrm{d}x=F(x)+C$

(9) $\mathrm{d}\int a^{-2x}\mathrm{d}x=$(　　).

A. a^{-2x}　　B. $-2a^{-2x}\ln a\mathrm{d}x$

C. $a^{-2x}\mathrm{d}x$　　D. $a^{-2x}\mathrm{d}x+C$

(10) $\int xf''(x)\mathrm{d}x=$(　　).

A. $xf'(x)-f(x)+C$　　B. $xf'(x)+C$

C. $\frac{1}{2}x^2 f'(x)+C$　　D. $(x+1)f'(x)+C$

(11) $\int x\,\mathrm{d}(\mathrm{e}^{-x})=($　　$)$.

A. $x\mathrm{e}^{-x}+C$　　B. $x\mathrm{e}^{-x}+\mathrm{e}^{-x}+C$

C. $-x\mathrm{e}^{-x}+C$　　D. $x\mathrm{e}^{-x}-\mathrm{e}^{-x}+C$

2. 计算下列不定积分：

(1) $\int\frac{\mathrm{d}x}{x^2\sqrt{x}}$；

(2) $\int\mathrm{e}^x\left(1-\frac{\mathrm{e}^{-x}}{x^2}\right)\mathrm{d}x$；

(3) $\int\mathrm{e}^{5t}\mathrm{d}t$；

(4) $\int\frac{\mathrm{d}x}{(\arcsin x)^2\sqrt{1-x^2}}$；

(5) $\int\frac{\mathrm{d}x}{1+\sqrt{2}x}$；

(6) $\int\frac{x^2}{4+x^6}\mathrm{d}x$；

(7) $\int\frac{\mathrm{d}x}{1+\sqrt{1-x^2}}$；

(8) $\int\cos^2\frac{x}{2}\mathrm{d}x$；

(9) $\int x\tan^2 x\mathrm{d}x$；

(10) $\int x\cos 3x\mathrm{d}x$；

(11) $\int x\mathrm{e}^{-x}\mathrm{d}x$；

(12) $\int\ln x\mathrm{d}x$；

(13) $\int\mathrm{e}^{\sqrt{x}+1}\mathrm{d}x$；

(14) $\int\frac{\ln x}{2\sqrt{x}}\mathrm{d}x$.

第6章 定 积 分

在生产实践和经济活动中，有很多问题需要利用积分学的方法来解决，例如平面图形的面积、企业的资本积累、收益与成本核算等.本章主要介绍定积分和不定积分的概念、性质、积分方法以及积分学在经济分析中的一些应用.

6.1 定积分的概念及性质

定积分是积分学中最重要的概念之一.它是在生产实践中为了解决一系列有关“无限累加”问题而逐渐形成的，是各种“和式极限”问题的数学概括.

6.1.1 定积分概念的引例

【引例 1】 曲边梯形的面积.

设函数 $y=f(x)$ 在闭区间 $[a,b]$ 上连续且非负，由曲线 $y=f(x)$ 及三条直线 $x=a$，$x=b$，$y=0$ 所围成的平面图形(见图 6-1)称为曲边梯形，我们要求此曲边梯形的面积.

分析 曲边梯形与矩形的差异在于矩形的四边都是直的，而曲边梯形有三边是直的，一边为“曲”的，也就是说矩形的高“不变”，曲边梯形的高要“变”，为此我们可采用“近似逼近”的方法来解决求面积的问题.将曲边梯形分割成许多小的曲边梯形(见图 6-2)，每个小曲边梯形的面积都近似地等于对应小矩形的面积，则所有小矩形面积的和就是曲边梯形面积的近似值.当把区间 $[a,b]$ 无限细分下去，使每个小区间的长度都趋近于零时，所有小矩形面积之和的极限就是曲边梯形的面积.具体步骤如下.

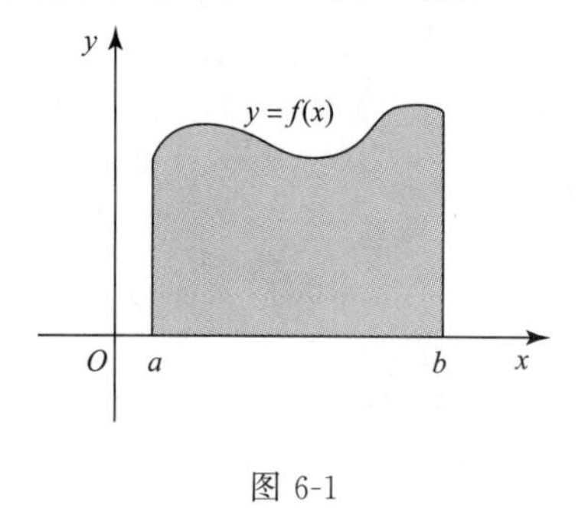

图 6-1

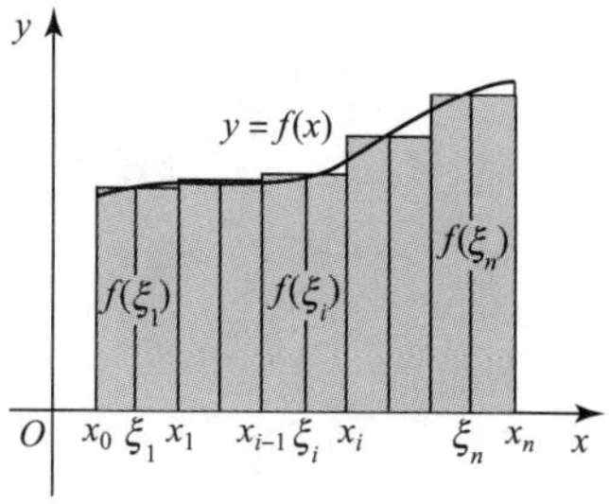

图 6-2

(1)**分割**：任取分点 $a=x_0<x_1<x_2<\cdots<x_n=b$，把区间 $[a,b]$ 分成 n 个小区间 $[x_{i-1},x_i]$，$(i=1,2,\cdots,n)$，每个小区间的长度记为 $\Delta x_i=x_i-x_{i-1}$，$(i=1,2,\cdots,n)$.相应地作直线 $x=x_i$ $(i=1,2,\cdots,n)$ 将曲边梯形分割成 n 个小曲边梯形，它们的面积分别记作：$\Delta A_1,\Delta A_2,\cdots,\Delta A_n$.

(2)**近似代替**：在每个小区间 $[x_{i-1},x_i]$ 上任取一点 ξ_i，以 Δx_i 为底，$f(\xi_i)$ 为高的小矩形面积作为同底的小曲边梯形面积的近似值，即

$$\Delta A_i\approx f(\xi_i)\Delta x_i,(i=1,2,\cdots,n).$$

(3)**求和**:用 n 个小矩形面积的和作为整个曲边梯形的面积 A 的近似值,即 $A=\sum_{i=1}^{n}\Delta A_i\approx\sum_{i=1}^{n}f(\xi_i)\Delta x_i$.

(4)**取极限**:使$[a,b]$内的分点无限增加,并使 Δx_i 中的最大值$\lambda=\max\limits_{1\leqslant i\leqslant n}\{\Delta x_i\}\to 0$,这时和式 $\sum_{i=1}^{n}f(\xi_i)\Delta x_i$ 的极限就是曲边梯形面积的精确值,即

$$A=\lim_{\lambda\to 0}\sum_{i=1}^{n}f(\xi_i)\Delta x_i.$$

【引例 2】 企业的总收益.

设某公司的收入是随时间变化的,其收入可表示为一个连续的收入流. 设 $r(t)$为收入流在时刻 t 的变化率,计算从时间 T_0 到时间 T 这段时间内的总收益R.

分析　这是收入的变化率为非定值时的收益问题. 由于其收入流的变化率 $r(t)$是随时间 t 的变化而非均匀变化的,故不能用均匀变化率的收益公式来计算. 若把时间段$[T_0,T]$划分成若干个小时间段,在每一个小时间段内,用任一时刻收入流的变化率作为这一小时间段内收入流的变化率的近似值,也就是用均匀收入流的变化率近似代替非均匀收入流的变化率. 则所有的时间段内的收益之和,就是整个时间段$[T_0,T]$内的总收益 R 的近似值. 再通过取极限,即可得到总收益的精确值. 具体步骤如下:

(1)**分割**:任取分点 $T_0=t_0<t_1<t_2<\cdots<t_n=T$,把时间段$[T_0,T]$分成 n 个小时间段$[t_{i-1},t_i]$,$(i=1,2,\cdots,n)$. 每个小时间段的时长记为 $\Delta t_i=t_i-t_{i-1}$,$(i=1,2,\cdots,n)$.

(2)**近似代替**:在每一小时间段$[t_{i-1},t_i]$内任取一点ξ_i,以收入流在时刻ξ_i 处的变化率$r(\xi_i)$代替收入流的非均匀变化率,得到这段时间内的收益 ΔR_i 的近似值,即 $\Delta R_i\approx r(\xi_i)\Delta t_i$,$(i=1,2,\cdots,n)$.

(3)**求和**:把每一小时间段内的收益 ΔR_i 的近似值加起来,即得到总收益 R 的近似值,即 $R=\sum_{i=1}^{n}\Delta R_i\approx\sum_{i=1}^{n}r(\xi_i)\Delta t_i$.

(4)**取极限**:若分点的个数无限增多,且使 $\lambda=\max\limits_{1\leqslant i\leqslant n}\{\Delta t_i\}\to 0$,则和式 $\sum_{i=1}^{n}r(\xi_i)\Delta t_i$ 的极限就是时间段$[T_0,T]$内的总收益的精确值 R. 即

$$R=\lim_{\lambda\to 0}\sum_{i=1}^{n}r(\xi_i)\Delta t_i.$$

上面两个实例中要计算的量分别具有不同的实际意义,但其解决问题的思想方法,计算方式,以及表述这些量的数学形式都是类似的. 若不考虑其实际意义,则得到一个相同的数学模型——和式的极限. 数学上把这类和式的极限叫作定积分.

6.1.2　定积分的概念

定义 1　设函数 $y=f(x)$在闭区间$[a,b]$上连续,任取分点 $a=x_0<x_1<x_2<\cdots<x_n=b$,将区间$[a,b]$分割成 n 个小区间$[x_{i-1},x_i]$,每个小区间的长度记作 $\Delta x_i=x_i-x_{i-1}$,$(i=1,2,\cdots,n)$,并记 $\lambda=\max\limits_{1\leqslant i\leqslant n}\{\Delta x_i\}$. 任取点$\xi_i\in[x_{i-1},x_i]$,作和式 $S_n=\sum_{i=1}^{n}f(\xi_i)\Delta x_i$. 不论对区间$[a,b]$如何分割,也不论在小区间上如何取点$\xi_i$,只要 $\lambda=\max\limits_{1\leqslant i\leqslant n}\{\Delta x_i\}\to 0$,和式 S_n 的极限存在,

则称 $f(x)$在$[a,b]$上**可积**,并称此极限为 $f(x)$在区间$[a,b]$上的**定积分**,记作

$$\int_a^b f(x)\mathrm{d}x = \lim_{\lambda\to 0}\sum_{i=1}^{n} f(\xi_i)\Delta x_i,$$

式中称 $f(x)$为被积函数,$f(x)\mathrm{d}x$ 为被积表达式,x 为积分变量,$[a,b]$为积分区间,而 a,b 分别称为积分下限和积分上限.

注意:(1)定积分是一种特殊的和式极限,其值是一个实数. 它的大小由被积函数和积分上、下限确定,而与积分变量的记号无关,即

$$\int_a^b f(x)\mathrm{d}x = \int_a^b f(u)\mathrm{d}u = \int_a^b f(t)\mathrm{d}t.$$

(2)在定积分的定义中有 $a<b$. 如果 $a>b$,则规定 $\int_a^b f(x)\mathrm{d}x = -\int_b^a f(x)\mathrm{d}x$. 特别地,当 $a=b$时,规定 $\int_a^a f(x)\mathrm{d}x = 0$.

关于定积分的存在性,我们有如下定理.

定理 1 若函数 $f(x)$在$[a,b]$上连续,或 $f(x)$在$[a,b]$上有界且只有有限个第一类间断点,则 $f(x)$在$[a,b]$上可积.

根据定积分的概念,前面两个例子均可用定积分表示:

(1)曲边梯形面积为 $A = \int_a^b f(x)\mathrm{d}x(f(x)\geqslant 0)$;

(2)企业在时间段$[T_0,T]$内的总收益为 $R = \int_{T_0}^{T} r(t)\mathrm{d}t$.

6.1.3 定积分的几何意义

设函数 $y=f(x)$在闭区间$[a,b]$上连续,对应的曲边梯形面积为 A. 则其积分可分为以下三种情形:

(1)若 $f(x)\geqslant 0$,则积分值等于对应曲边梯形的面积,即

$$\int_a^b f(x)\mathrm{d}x = A \quad (\text{见图 6-3});$$

(2)若 $f(x)\leqslant 0$,则积分值等于对应曲边梯形面积的相反数,即

$$\int_a^b f(x)\mathrm{d}x = -A \quad (\text{见图 6-4});$$

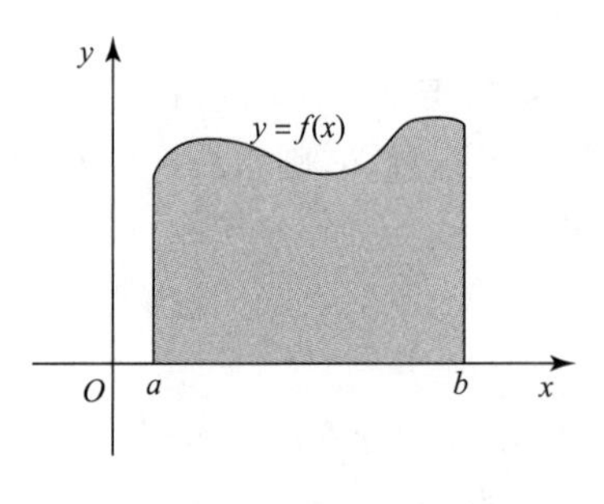

图 6-3

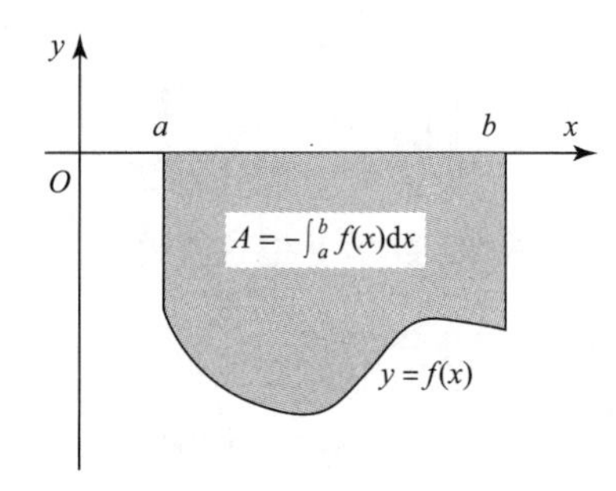

图 6-4

(3)若 $f(x)$有正有负,则积分值等于曲线 $y=f(x)$在 x 轴上方围成图形与下方围成图形的面积的代数和,即 $\int_a^b f(x)\mathrm{d}x = A_1 - A_2 + A_3$ (见图 6-5).

【例 6-1】　利用定积分的几何意义求定积分 $\int_{-1}^{1}\sqrt{1-x^2}\,\mathrm{d}x$.

解　被积函数 $y=\sqrt{1-x^2}$ 的图形是圆心在坐标原点,半径为 1 的圆的上半部分. 于是所求定积分 $\int_{-1}^{1}\sqrt{1-x^2}\,\mathrm{d}x=\frac{1}{2}\pi\times1^2=\frac{\pi}{2}$.

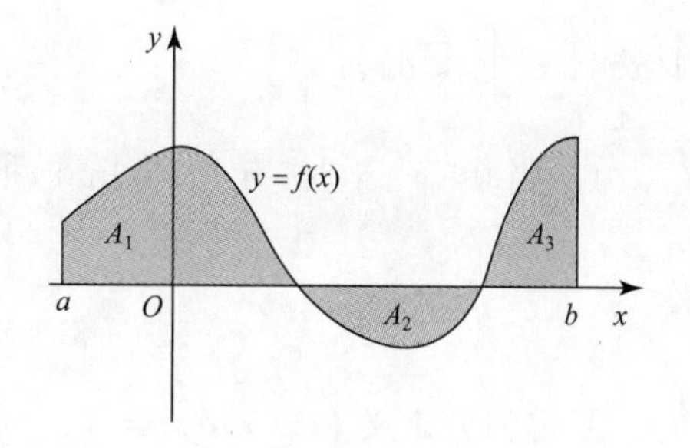

图 6-5

6.1.4　定积分的性质

设 $f(x),g(x)$ 在 $[a,b]$ 上均可积,则有

性质 1　被积表达式中的常数因子可以提到积分号前,即

$$\int_a^b kf(x)\mathrm{d}x=k\int_a^b f(x)\mathrm{d}x.$$

性质 2　两个函数代数和的定积分等于各函数定积分的代数和,即

$$\int_a^b[f(x)\pm g(x)]\mathrm{d}x=\int_a^b f(x)\mathrm{d}x\pm\int_a^b g(x)\mathrm{d}x.$$

这一结论可以推广到任意有限多个函数代数和的情形.

性质 3　(积分区间的可加性)对任意的点 $c,a<c<b$,有

$$\int_a^b f(x)\mathrm{d}x=\int_a^c f(x)\mathrm{d}x+\int_c^b f(x)\mathrm{d}x.$$

注意:不论 a,b,c 的相对位置如何,只要上式的三个积分都存在,则等式都成立.

性质 4　如果在区间 $[a,b]$ 上,恒有 $f(x)\geqslant g(x)$,则 $\int_a^b f(x)\mathrm{d}x\geqslant\int_a^b g(x)\mathrm{d}x$.

性质 5　(积分估值定理)如果函数 $f(x)$ 在闭区间 $[a,b]$ 上有最大值 M 和最小值 m,则 $m(b-a)\leqslant\int_a^b f(x)\mathrm{d}x\leqslant M(b-a)$.

性质 6　(积分中值定理)如果函数 $f(x)$ 在闭区间 $[a,b]$ 上连续,则在区间 $[a,b]$ 上至少有一点 ξ,使得 $\int_a^b f(x)\mathrm{d}x=f(\xi)(b-a)$.

性质 6 的几何意义是:由曲线 $y=f(x)$,直线 $x=a,x=b$ 和 x 轴所围成曲边梯形的面积等于区间 $[a,b]$ 上某个矩形的面积(见图 6-6),这个矩形的底是区间 $[a,b]$,矩形的高为区间 $[a,b]$ 内某一点 ξ 处的函数值 $f(\xi)$.

显然,由性质 6 可得 $f(\xi)=\frac{1}{b-a}\int_a^b f(x)\mathrm{d}x$. 称 $f(\xi)$ 为函数 $f(x)$ 在区间 $[a,b]$ 上的平均值. 这是求有限个数的平均值的拓广.

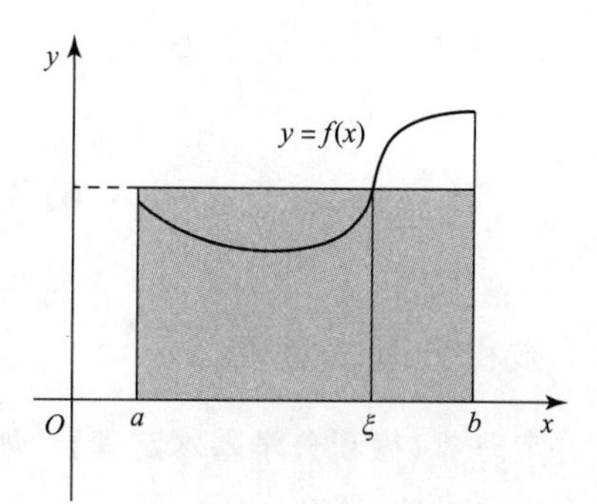

图 6-6

【例 6-2】　比较下列各对积分值的大小:

(1) $\int_0^1 x^2\mathrm{d}x$ 与 $\int_0^1\sqrt{x}\,\mathrm{d}x$;

(2) $\int_1^{\mathrm{e}}\ln x\mathrm{d}x$ 与 $\int_1^{\mathrm{e}}\ln^2 x\mathrm{d}x$.

解　(1)当 $0\leqslant x\leqslant1$ 时,有 $x^2\leqslant\sqrt{x}$,根据性质 4 得

$\int_0^1 x^2 \mathrm{d}x \leqslant \int_0^1 \sqrt{x}\,\mathrm{d}x$；

(2)当 $0 \leqslant x \leqslant e$ 时，有 $\ln x \geqslant \ln^2 x$，根据性质 4 得 $\int_1^e \ln x \mathrm{d}x \geqslant \int_1^e \ln^2 x \mathrm{d}x$.

习题 6.1

1. 定积分定义 $\int_a^b f(x)\mathrm{d}x = \lim\limits_{\lambda \to 0} \sum\limits_{i=1}^{n} f(\xi_i)\Delta x_i$ 说明(　　).

A. $[a,b]$必须 n 等分，ξ_i 是$[x_{i-1},x_i]$端点

B. $[a,b]$可任意分法，ξ_i 必须是$[x_{i-1},x_i]$端点

C. $[a,b]$可任意分法，$\lambda = \max\{\Delta x_i\} \to 0$，$\xi_i$ 可在$[x_{i-1},x_i]$内任取

D. $[a,b]$必须等分，$\lambda = \max\{\Delta x_i\} \to 0$，$\xi_i$ 可在$[x_{i-1},x_i]$内任取

2. 积分中值定理 $\int_a^b f(x)\mathrm{d}x = f(\xi)(b-a)$，其中(　　).

A. ξ是$[a,b]$内任一点　　B. ξ是$[a,b]$内必定存在的某一点

C. ξ是$[a,b]$内唯一的某点　　D. ξ是$[a,b]$内中点

3. 用定积分的几何意义，判断下列定积分的符号(不必计算).

(1) $\int_{-2}^{0} x^2 \mathrm{d}x$；　　(2) $\int_{-5}^{-1} \mathrm{e}^x \mathrm{d}x$；

(3) $\int_{\frac{\pi}{2}}^{\pi} \cos x \mathrm{d}x$；　　(4) $\int_1^{\mathrm{e}} \ln x \mathrm{d}x$.

4. 根据定积分的几何意义，求下列各式的值.

(1) $\int_0^2 (x+1)\mathrm{d}x$；　　(2) $\int_0^2 \sqrt{4-x^2}\,\mathrm{d}x$.

5. 比较下列各对积分值的大小.

(1) $\int_1^2 x\mathrm{d}x$ 与 $\int_1^2 x^2 \mathrm{d}x$；　　(2) $\int_{-1}^{0} \mathrm{e}^x \mathrm{d}x$ 与 $\int_{-1}^{0} \mathrm{e}^{2x} \mathrm{d}x$.

6. 用几何图形表示下列定积分的值.

(1) $\int_{-1}^{1} (x^2+1)\mathrm{d}x$；　　(2) $\int_{\frac{1}{2}}^{\mathrm{e}} \ln x \mathrm{d}x$.

7. 估计下列定积分的值.

(1) $\int_1^4 (x^2 - 3x + 2)\mathrm{d}x$；　　(2) $\int_0^{\frac{\pi}{4}} \cos x \mathrm{d}x$.

6.2　微积分基本定理

微积分基本定理

定理 2 (微积分学基本定理)　如果函数 $f(x)$在区间$[a,b]$上连续，且 $F(x)$是 $f(x)$的任意一个原函数，那么

$$\int_a^b f(x)\mathrm{d}x = F(x)\Big|_a^b = F(b) - F(a). \tag{1}$$

证明　已知 $F(x)$是 $f(x)$的一个原函数，而 $\int_a^x f(t)\mathrm{d}t$ 也是 $f(x)$的一个原函数，它们之间仅相差一个常数. 设 $\int_a^x f(t)\mathrm{d}t - F(x) = C$. 将 $x=a$ 代入，因 $\int_a^a f(t)\mathrm{d}t = 0$，故$C=-F(a)$. 于是，有 $\int_a^x f(x)\mathrm{d}x = F(x) - F(a)$. 将 $x=b$ 代入，得

$$\int_a^b f(x)\mathrm{d}x = F(b) - F(a).$$

将字母 t 换成 x 就得要证明的公式.

公式(1)称为**牛顿—莱布尼兹(Newton-Leibniz)公式**. 公式不仅反映了定积分与不定积分的内在联系，同时也为我们提供了计算定积分的简便方法：欲求函数 $f(x)$在$[a,b]$上的定积分，只要先求出 $f(x)$的一个原函数 $F(x)$，再计算代数式 $F(b)-F(a)$的值就行了. 微积分学基本定理解决了定积分的计算问题，使得定积分得到了广泛的应用.

【例 6-3】　求 $\int_0^{\frac{\pi}{2}} \cos x\mathrm{d}x$.

解　$\int_0^{\frac{\pi}{2}} \cos x\mathrm{d}x = \sin x\Big|_0^{\frac{\pi}{2}} = \sin\frac{\pi}{2} - \sin 0 = 1.$

【例 6-4】　求 $\int_0^1 \frac{x^2-1}{x^2+1}\mathrm{d}x$.

解　$\int_0^1 \frac{x^2-1}{x^2+1}\mathrm{d}x = \int_0^1 \frac{(x^2+1)-2}{x^2+1}\mathrm{d}x = \int_0^1\left(1-\frac{2}{x^2+1}\right)\mathrm{d}x$

$$=(x-2\arctan x)\Big|_0^1=1-\frac{\pi}{2}.$$

【例 6-5】　设 $f(x)=\begin{cases}2x+1, & x\leqslant 1\\ 3x^2, & x>1\end{cases}$，求 $\int_0^2 f(x)\mathrm{d}x$.

解　因 $f(x)$在$(-\infty,+\infty)$上连续，故 $f(x)$在$[0,2]$可积，所以

$$\int_0^2 f(x)\mathrm{d}x = \int_0^1 f(x)\mathrm{d}x + \int_1^2 f(x)\mathrm{d}x = \int_0^1 (2x+1)\mathrm{d}x + \int_1^2 3x^2\mathrm{d}x$$

$$=(x^2+x)\Big|_0^1+x^3\Big|_1^2=2+7=9.$$

注意：在使用牛顿—莱布尼兹公式时，要验证 $f(x)$在闭区间$[a,b]$上连续这一条件，否则可能导致错误；如果 $f(x)$以点 c，$(a<c<b)$为第一类间断点，而在$[a,b]$上其余点连续，这时可根据积分区间的可加性，在$[a,c]$和$[c,b]$上分别使用牛顿—莱布尼兹公式.

习题 6.2

1. 设 $\int_0^a x^2\mathrm{d}x = 9$，则 $a=$(　　).

A. 0　　B. 1　　C. 2　　D. 3

2. 若 $\int_0^1 (x+k)\mathrm{d}x = 2$，则 $k=$(　　).

A. 0　　B. 1　　C. -1　　D. $\frac{3}{2}$

3. 下列使用牛顿—莱布尼兹公式的做法是否正确？为什么？

(1) $\int_{-1}^{1} \frac{1}{x}\mathrm{d}x = \ln|x|\Big|_{-1}^{1} = 0$；　　(2) $\int_{-1}^{1}\mathrm{d}x = x\Big|_{-1}^{1} = 2$.

4. 计算下列定积分.

(1) $\int_0^1 (2x - \mathrm{e}^x)\mathrm{d}x$；　(2) $\int_1^2 (x-1)^2\mathrm{d}x$；　(3) $\int_1^2 \frac{(x+1)(x-1)}{x}\mathrm{d}x$；

(4) $\int_1^4 \sqrt{x}(\sqrt{x}-1)\mathrm{d}x$；　(5) $\int_0^1 \frac{x^2}{x^2+1}\mathrm{d}x$；　(6) $\int_0^{\frac{\pi}{2}} \frac{\cos 2x}{\cos x + \sin x}\mathrm{d}x$.

8. 已知 $f(x)=\begin{cases} 2x, & x<1 \\ x^2, & x\geqslant 1 \end{cases}$，求 $\int_0^2 f(x)\mathrm{d}x$.

6.3　定积分的换元法与分部积分法

6.3.1　定积分的换元法

定理 3　设函数 $f(x)$ 在闭区间 $[a,b]$ 上连续，函数 $x=\varphi(t)$ 在闭区间 $[\alpha,\beta]$ 上有连续导数，且 $\varphi(\alpha)=a$，$\varphi(\beta)=b$ 及 $a\leqslant\varphi(t)\leqslant b$，则 $\int_a^b f(x)\mathrm{d}x = \int_\alpha^\beta f[\varphi(t)]\varphi'(t)\mathrm{d}t$.

定理 3 指明的积分方法称为定积分的换元积分法.

【例 6-6】　求 $\int_0^{\frac{\pi}{2}} \cos^3 x\sin x\mathrm{d}x$.

解　设 $u=\cos x$，则 $\mathrm{d}u=-\sin x\mathrm{d}x$. 当 $x=0$ 时，$u=1$；$x=\frac{\pi}{2}$ 时，$u=0$.

于是 $\int_0^{\frac{\pi}{2}} \cos^3 x\sin x\mathrm{d}x = -\int_1^0 u^3\mathrm{d}u = \int_0^1 u^3\mathrm{d}u = \frac{1}{4}u^4\Big|_0^1 = \frac{1}{4}$.

【例 6-7】　求 $\int_0^4 \frac{1}{1+\sqrt{x}}\mathrm{d}x$.

解　设 $\sqrt{x}=t$，即 $x=t^2$，则 $\mathrm{d}x=2t\mathrm{d}t$. 当 $x=0$ 时，$t=0$；当 $x=4$ 时，$t=2$. 于是

$$\int_0^4 \frac{1}{1+\sqrt{x}}\mathrm{d}x = \int_0^2 \frac{2t}{1+t}\mathrm{d}t = 2\int_0^2\left(1-\frac{1}{1+t}\right)\mathrm{d}t$$

$$=2(t-\ln|1+t|)\Big|_0^2 = 2(2-\ln 3).$$

注意：定积分的换元积分法与不定积分的换元积分法类似，它的关键是要处理好积分上、下限，换元时积分限必须换，原下限对应新下限，原上限对应新上限.

如果用凑微分法计算定积分，则积分限不需要转换. 例如，对于例 6-6 中积分：

$$\int_0^{\frac{\pi}{2}} \cos^3 x\sin x\mathrm{d}x = -\int_0^{\frac{\pi}{2}} \cos^3 x\mathrm{d}(\cos x) = \left(-\frac{1}{4}\cos^4 x\right)\Big|_0^{\frac{\pi}{2}} = \frac{1}{4}.$$

6.3.2　定积分的分部积分法

对应于不定积分的分部积分法，也有计算定积分的分部积分法.

设函数 $u(x)$、$v(x)$ 在区间 $[a,b]$ 上具有连续导数 $u'(x)$、$v'(x)$，由 $(uv)' = u'v + uv'$，得

$$uv' = (uv)' - u'v.$$

等式两端在区间 $[a,b]$ 上积分，得

$$\int_a^b uv'\mathrm{d}x = [uv]_a^b - \int_a^b u'v\mathrm{d}x,$$

或

$$\int_a^b u\mathrm{d}v = [uv]_a^b - \int_a^b v\mathrm{d}u.$$

这就是定积分的分部积分公式.

分部积分过程：

$$\int_a^b uv'\mathrm{d}x = \int_a^b u\mathrm{d}v = [uv]_a^b - \int_a^b v\mathrm{d}u = [uv]_a^b - \int_a^b u'v\mathrm{d}x = \cdots$$

【例 6-8】 求 $\int_0^{\frac{1}{2}}\arcsin x\mathrm{d}x$.

解
$$\int_0^{\frac{1}{2}}\arcsin x\mathrm{d}x = (x\arcsin x)\Big|_0^{\frac{1}{2}} - \int_0^{\frac{1}{2}}\frac{x}{\sqrt{1-x^2}}\mathrm{d}x$$
$$= \frac{1}{2}\cdot\frac{\pi}{6} + \left[\sqrt{1-x^2}\right]_0^{\frac{1}{2}} = \frac{\pi}{12} + \frac{\sqrt{3}}{2} - 1.$$

习题 6.3

1. 用分部积分法求下列定积分.

(1) $\int_0^1 x\mathrm{e}^{2x}\mathrm{d}x$；　　(2) $\int_1^{\mathrm{e}} x\ln x\mathrm{d}x$；

(2) $\int_0^{\frac{\pi}{2}} x\cos x\mathrm{d}x$；　　(4) $\int_1^4 \frac{\ln x}{\sqrt{x}}\mathrm{d}x$.

2. 用换元积分法求下列定积分.

(1) $\int_{-1}^1 \frac{x}{(1+x^2)^2}\mathrm{d}x$；　　(2) $\int_0^1 x\sqrt{x^2+1}\mathrm{d}x$；

(3) $\int_0^2 \frac{1}{1+\sqrt{2x}}\mathrm{d}x$；　　(4) $\int_0^{\ln 2}\sqrt{\mathrm{e}^x-1}\mathrm{d}x$.

3. 设函数 $f(x)$ 在闭区间 $[-a,a]$ 上连续，求证：

(1) 当 $f(x)$ 为奇函数时，$\int_{-a}^a f(x)\mathrm{d}x = 0$；

(2) 当 $f(x)$ 为偶函数时，$\int_{-a}^a f(x)\mathrm{d}x = 2\int_0^a f(x)\mathrm{d}x$.

4. 计算 $\int_{-1}^1 (x^3-x+1)\sin^2 x\mathrm{d}x$.

6.4　定积分的应用

6.4.1　定积分的微元法

【例 6-9】 设某游泳池预存水量为 0，水流入游泳池的速度为 $r(t) = 20\mathrm{e}^{0.04t}$ t/h. 问从 $t = 0\mathrm{h}$ 到 $t = 2\mathrm{h}$ 这段时间内，向游泳池注入的水量 W 是多少吨？

分析　类似问题已在前面各节的案例中遇到多次，在这里我们重新按“无限累加”的思路考虑问题的求解.

无限累加的思想是:先把所求整体量进行分割,然后在局部范围内“以不变代变”,求出整体量在局部范围内的近似值;再把所有这些近似值加起来,得到整体量的近似值;最后当分割无限加密时取极限(即求定积分)即得整体量.基于这一思想,我们可以按下面步骤来计算注入的水量.

第一步,取时间段 $0 \leqslant t \leqslant 2$ 的任意小时间段$[t, t+\mathrm{d}t]$,在此小时间段上,将水的流速近似地取为常值 $r(t)$(区间左端点的函数值),得到在小时间段上流入的水量 $\mathrm{d}W = r(t)\mathrm{d}t$.

第二步,以 $\mathrm{d}W = r(t)\mathrm{d}t$ 为被积表达式,在区间$[0,2]$上积分,就可计算出从 $t = 0\mathrm{h}$ 到 $t = 2\mathrm{h}$ 这段时间内注入的水量:

$$W = \int_0^2 \mathrm{d}W = \int_0^2 r(t)\mathrm{d}t = 20\int_0^2 \mathrm{e}^{0.04t}\mathrm{d}t = \frac{20}{0.04}\mathrm{e}^{0.04t}\Big|_0^2 \approx 41.64(\mathrm{t}).$$

一般地,计算在区间$[a,b]$上的某个量 Q 可分成两步:

(1) 寻找量 Q 在$[a,b]$的任一小区间$[x, x+\mathrm{d}x]$上的部分量 ΔQ 的近似值 $\mathrm{d}Q$,并表示成 $\mathrm{d}Q = f(x)\mathrm{d}x$(称为量 Q 的微元),其中 $f(x)$ 是$[a,b]$上的连续函数.

(2) 以 $\mathrm{d}Q = f(x)\mathrm{d}x$ 为被积表达式,在区间$[a,b]$上积分,就得所求量,即 $Q = \int_a^b f(x)\mathrm{d}x$.

这个方法通常称为定积分的微元法或元素法.

6.4.2 定积分在几何上的应用

6.4.2.1 平面图形的面积

设连续函数 $f(x) \geqslant 0 (a \leqslant x \leqslant b)$.根据定积分的几何意义,由曲线 $y = f(x)$ 和三条直线 $x = a, x = b, y = 0$ 所围曲边梯形的面积为

$$A = \int_a^b f(x)\mathrm{d}x. \tag{1}$$

现在考虑更一般的情形,将围成曲边梯形的 x 轴改为另一条曲线 $y = g(x)$.即我们要求由曲线 $y = f(x), y = g(x), x = a, x = b, f(x) \geqslant g(x), a < b$ 所围图形的面积 A(见图 6-9).

对于所讨论的平面图形,x 的变化区间为$[a,b]$,取其任一小区间$[x, x+\mathrm{d}x]$,相应的窄条面积近似于底为 $\mathrm{d}x$,高为 $f(x) - g(x)$ 的矩形面积,从而得到面积微元 $\mathrm{d}A = [f(x) - g(x)]\mathrm{d}x$.

以此为被积表达式,在$[a,b]$上积分便得

$$A = \int_a^b [f(x) - g(x)]\mathrm{d}x. \tag{2}$$

在公式(2)中令 $g(x) = 0$,就得公式(1).事实上,公式(2)具有求平面图形面积的一般性.在$[a,b]$区间上,两条连续曲线 $y = f(x), y = g(x)$ 无论在 x 轴上方、下方,还是上下方兼有,只要满足 $f(x) \geqslant g(x)$,就可以用公式(2)来计算其面积.

【例 6-10】 求由 $xy = 1, y = x$ 及 $x = 2$ 所围区域的面积 A.

分析 如图 6-10 所示,先求出边界曲线的交点 $A(1,1), B(2,2), C\left(2, \frac{1}{2}\right)$.显然,平面图形在 x 轴上的投影区间为$[1,2]$,上、下两条边界曲线 $y = x$ 和 $y = \frac{1}{x}$ 满足 $x \geqslant \frac{1}{x}$.因此可用公式(2)来求面积.

解　所围区域面积为 $A=\int_1^2\left(x-\frac{1}{x}\right)\mathrm{d}x=\left(\frac{1}{2}x^2-\ln x\right)\Big|_1^2=\frac{3}{2}-\ln 2$.

完全类似地讨论可得，由 $x=\varphi(y),x=\psi(y),y=c,y=d,\varphi(y)\geqslant\psi(y),c<d$ 所围平面图形的面积为

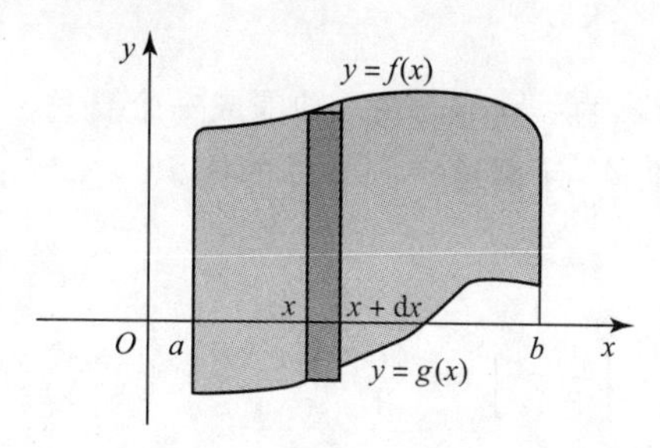

图 6-9

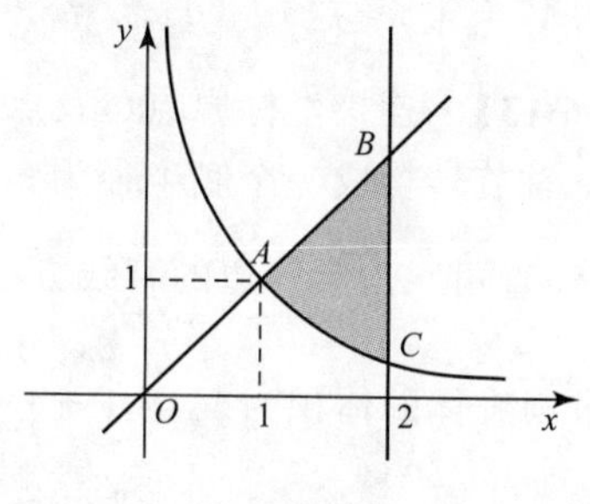

图 6-10

$$A=\int_c^d[\varphi(y)-\psi(y)]\mathrm{d}y. \tag{3}$$

公式(2)、(3) 右边被积函数可分别简叙为“上减下”和“右减左”.

【例 6-11】　计算抛物线 $y^2=2x$ 和直线 $y=2-2x$，所围图形的面积 A.

解　见图 6-11，曲线 $y^2=2x$ 和 $y=2-2x$ 的交点为 $\left(\frac{1}{2},1\right)$，$(2,-2)$. 所围平面图形在 y 轴上的投影区间为 $[-2,1]$，函数 $x=1-\frac{y}{2}$ 和 $x=\frac{1}{2}y^2$ 满足 $1-\frac{y}{2}\geqslant\frac{1}{2}y^2$，所以

$$A=\int_{-2}^1\left[\left(1-\frac{y}{2}\right)-\frac{1}{2}y^2\right]\mathrm{d}y=\left(y-\frac{1}{4}y^2-\frac{1}{6}y^3\right)\Big|_{-2}^1=\frac{9}{4}.$$

【例 6-12】　求在区间 $[0,\pi]$ 上曲线 $y=\cos x$ 和 $y=\sin x$ 之间的平面图形面积 A.

解　见图 6-12，曲线 $y=\cos x$ 和 $y=\sin x$ 的交点是 $\left(\frac{\pi}{4},\frac{\sqrt{2}}{2}\right)$，因此所求面积为

$$\begin{aligned}A&=\int_0^{\frac{\pi}{4}}(\cos x-\sin x)\mathrm{d}x+\int_{\frac{\pi}{4}}^{\pi}(\sin x-\cos x)\mathrm{d}x\\&=(\sin x+\cos x)\Big|_0^{\frac{\pi}{4}}+(-\cos x-\sin x)\Big|_{\frac{\pi}{4}}^{\pi}=2\sqrt{2}.\end{aligned}$$

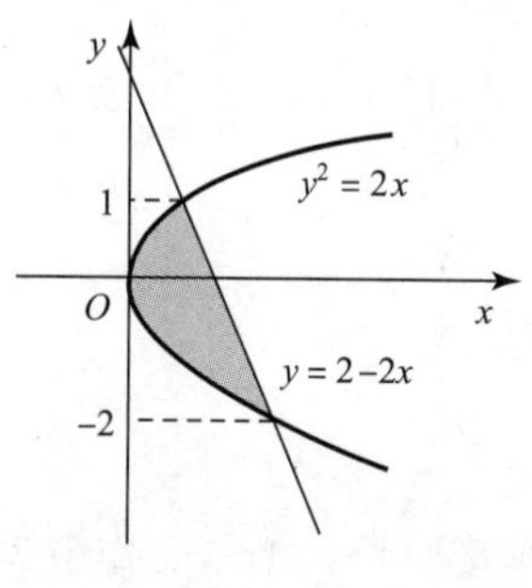

图 6-11

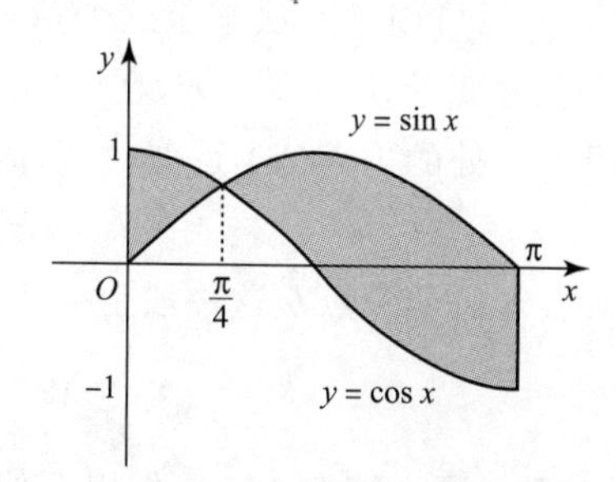

图 6-12

6.4.2.2　旋转体的体积

旋转体就是由一个平面图形绕这平面内一条直线旋转一周而成的立体. 这条直线叫作旋转轴.

常见的旋转体：圆柱、圆锥、圆台、球体.

旋转体都可以看作是由连续曲线 $y=f(x)$、直线 $x=a,x=b$ 及 x 轴所围成的曲边梯形

绕 x 轴旋转一周而成的立体.

设过区间$[a,b]$内点 x 且垂直于 x 轴的平面左侧的旋转体的体积为 $V(x)$，当平面左右平移 $\mathrm{d}x$ 后，体积的增量近似为 $\Delta V=\pi[f(x)]^2\mathrm{d}x$，于是体积元素为 $\mathrm{d}V=\pi[f(x)]^2\mathrm{d}x$，旋转体的体积为 $V=\int_a^b\pi[f(x)]^2\mathrm{d}x$.

【例 6-13】 连接坐标原点 O 及点 $P(h,r)$ 的直线、直线 $x=h$ 及 x 轴围成一个直角三角形. 将它绕 x 轴旋转构成一个底半径为 r、高为 h 的圆锥体. 计算这个圆锥体的体积.

解 直角三角形斜边的直线方程为 $y=\dfrac{r}{h}x$.

所求圆锥体的体积为 $V=\int_0^h\pi\left(\dfrac{r}{h}x\right)^2\mathrm{d}x=\dfrac{\pi r^2}{h^2}\left[\dfrac{1}{3}x^3\right]_0^h=\dfrac{1}{3}\pi hr^2$.

【例 6-14】 计算由椭圆$\dfrac{x^2}{a^2}+\dfrac{y^2}{b^2}=1$ 所成的图形绕 x 轴旋转而成的旋转体(旋转椭球体)的体积.

解 这个旋转椭球体也可以看作是由半个椭圆 $y=\dfrac{b}{a}\sqrt{a^2-x^2}$ 及 x 轴围成的图形绕 x 轴旋转而成的立体. 体积元素为 $\mathrm{d}V=\pi y^2\mathrm{d}x$，于是所求旋转椭球体的体积为

$$V=\int_{-a}^{a}\pi\frac{b^2}{a^2}(a^2-x^2)\mathrm{d}x=\pi\frac{b^2}{a^2}\left[a^2x-\frac{1}{3}x^3\right]_{-a}^{a}=\frac{4}{3}\pi ab^2.$$

6.4.3 定积分在物理上的应用

6.4.3.1 变力沿直线所作的功

设物体在变力 F 的作用下沿 x 轴运动，F 的方向与物体运动的方向一致，且大小是点 x 的函数，即 $F=F(x)$，物体在此变力的作用下从点 a 运动到点 b(如图 6-13 所示)，求变力 F 所作的功.

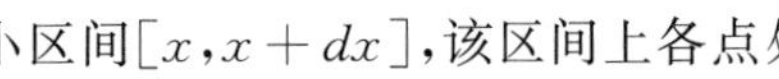

0　a　x　x+dx　b　x

图 6-13

如果 F 是恒力，那么

$$W=FS=F(b-a).$$

如果 F 是变力 $F=F(x)$，它是一个非均匀变化的量，由于所求功是一个整体量，且对区间具有可加性，所以可用微元法来求这个量.

取 x 为积分变量，$x\in[a,b]$，在区间$[a,b]$上任取一小区间$[x,x+dx]$，该区间上各点处的力可以用点 x 处的力 $F(x)$ 近似代替，因此，功的微元为

$$dW=F(x)dx.$$

从而从点 a 运动到点 b 这一段上变力 $F(x)$ 所作的功为

$$W=\int_b^a F(x)dx. \tag{5.6}$$

【例 6-15】 设弹簧在 1N 力作用下伸长 0.01m，要使弹簧伸长 0.1m，需作多少功?

解 以弹簧的初始位置为坐标原点 O 建立坐标系(如图 6-14).

由物理学可知，弹性力 F 的大小与弹簧的伸长量(或压缩量)x 成正比，即

$$F=Kx\text{（}K\text{ 为比例系数）},$$

由已知 $F=1\mathrm{N}$ 时，$x=0.01\mathrm{m}$，代人上式得 $E=100\mathrm{N}$，从而变力为

$$F=100x,$$

由式(5.6),得所作的功为

$$W = \int_0^{0.1} 100x dx = [50x^2]_0^{0.1} = 0.5\text{J}.$$

【例 6-16】　一圆柱形的贮水桶高为 5m,底圆半径为 3m,桶内盛满了水,试问要把桶内的水全部吸出需作多少功?

解　如图 6-15 所示建立坐标系.取深度 x 为积分变量,它的变化区间为[0,5],相应于[0,5]上任一小区[x,$x+dx$]的一薄层水的高度为 dx,水的密度为 9.8kN/m³,若 x 单位为 m,则这薄层水的重力为 $9.8\pi \cdot 3^2 dX$,因此,所求功的微元为

$$dW = 88.2\pi \cdot x \cdot dx.$$

于是所求的功为

$$W = \int_0^5 88.2\pi x dx = 88.2\pi \left[\frac{x^2}{2}\right]_0^5 = 88.2\pi \cdot \frac{25}{2} \approx 3462(\text{kJ}).$$

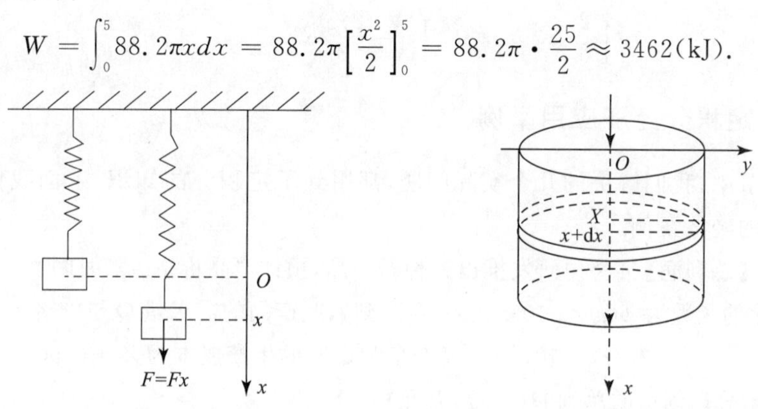

图 6-14　　图 6-15

6.4.3.2　液体的压力

设液体的密度为 γ,在液体中深 h 处压强为:$p = \gamma gh$.将一面积为 A 的薄板平行于液面置于液体中深 h 处,则板的一侧所受到的压力为:

$$F = p \cdot A = \gamma gh \cdot A;$$

如果将此薄板垂直于液面插入液体中,考虑此时板的一侧所受到的压力即为侧压力问题.

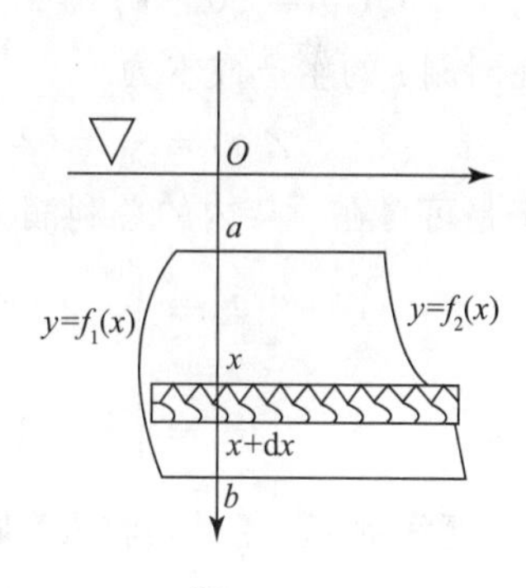

图 6-16

将薄板(长度单位:米)垂直于液面插入液体中(如图 6-16),用微元法求出侧压力.

(1) 积分变量 $x \in [a,b]$;

(2) $\forall [x, x+dx] \subset [a,b]$,面积微元上所受侧压力微元为

$$dP = \gamma g \cdot x \cdot [f_2(x) - f_1(x)]dx$$

(3) $F = \int_b^a dP = \gamma g \int_b^a x[f_2(x) - f_1(x)]dx$ (N)

【例 6-17】　一个横放着的圆柱形油桶,桶内盛有半桶油(如图 6-17),设油桶的底半径为 R,油的密度为 γ,计算桶的一个端面上所受的压力.

解　油桶的一个端面是圆片,所以现在要计算的是当油平面通过圆心时,铅直放置的一个半圆片的一侧所受到的油压力.

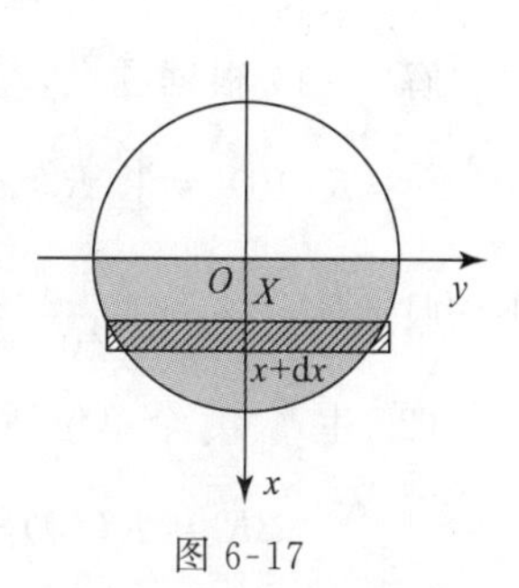

图 6-17

如图 6-17 所示，在这个圆片上取过圆心且铅直向下的直线为 x 轴，过圆心的水平线为 y 轴，对这个坐标系来讲，所讨论的半圆的方程为 $x^2+y^2=R^2(0\leqslant x\leqslant R)$，取 x 为积分变量，积分区间为 $[0,R]$，设 $[x,x+dx]$ 为 $[0,R]$ 上的任一小区间，半圆片上相应于 $[x,x+dx]$ 的小平面图形上各点处的压强近似于 γgx，这个小平面图形的面积近似于 $2\sqrt{R^2-x^2}\,dx$，因此，这个小平面图形一侧所受油压力的近似值，即压力微元为

$$dF=2\gamma gx\ \sqrt{R^2-x^2}\,dx.$$

于是所求压力为

$$F=\int_0^R 2\gamma gx\ \sqrt{R^2-x^2}\,dx=-\gamma g\int_0^R (R^2-x^2)^{\frac{1}{2}}d(R^2-x^2)$$

$$=-\gamma g\left[\frac{2}{3}(R^2-x^2)^{\frac{3}{2}}\right]_0^R=\frac{2\gamma g}{3}R^3.$$

6.4.4 定积分经济应用举例

在前面几节中，我们解决的几个实际问题，都用到了定积分的知识. 下面我们再给出几个用定积分解决的经济案例.

【案例 1】【总利润】某公司研发推出一种新产品，预计产品价格 p 随时间 t(从产品上市开始计算月数) 变化的函数为 $p(t)=10-0.2t$，在时刻 t，此产品的需求量 Q 与价格 $p(t)$ 及其变化率 $p'(t)$ 有关，$Q(t)=20-2p(t)-10p'(t)$. 又产量为 Q 时的生产成本为 $Z=0.5Q^2-5Q+13$. 求该产品一年内能给公司创造的总利润(单位：万元).

解 将价格函数代入需求函数得

$$Q(t)=20-2p(t)-10p'(t)=20-2(10-0.2t)-10(-0.2)=2+0.4t.$$

在时刻 t 的生产成本为

$$Z(t)=0.5\,(2+0.4t)^2-5(2+0.4t)+13=0.08t^2-1.2t+5.$$

于是可得在一年内的总利润为

$$L=\int_0^{12}[P(t)Q(t)-Z(t)]\mathrm{d}t=\int_0^{12}(-0.16t^2+4.8t+15)\mathrm{d}t$$

$$=\left(-0.16\,\frac{1}{3}t^3+2.4t^2+15t\right)\Bigg|_0^{12}=433.44(\text{万元}).$$

【案例 2】【平均收入】某企业生产某产品 x 单位时的边际收入为 $R'(x)=100-2x$(元/单位).

(1) 求生产 40 个单位该产品的总收入及平均收入；

(2) 求再生产 10 个单位该产品所增加的总收入.

解 (1) 根据题设，

$$R(40)=\int_0^{40}R'(x)\mathrm{d}x=\int_0^{40}(100-2x)\mathrm{d}x=(100x-x^2)\Big|_0^{40}=2\,400(\text{元}).$$

平均收入 $\dfrac{R(40)}{40}=\dfrac{2\,400}{40}=60(\text{元})$.

(2) 生产 40 个单位后再生产 10 个单位该产品所增加的总收入

$$\Delta R=R(50)-R(40)=\int_{40}^{50}R'(x)\mathrm{d}x=(100x-x^2)\Big|_{40}^{50}=100(\text{元}).$$

【案例 3】 【最大利润】已知某公司每天生产某产品 x 单位时，总费用的变化率为 $f(x) = 0.4x - 12$(元 / 单位)，求总费用函数 $F(x)$；若产品销售单价为 20 元，求总利润函数；并求每天生产多少个单位时，可获最大利润，最大利润是多少？

解　总费用函数 $F(x)$ 是其变化率 $f(x)$ 在 $[0,x]$ 上的定积分，即

$$F(x) = \int_0^x (0.4t - 12)\mathrm{d}t = 0.2x^2 - 12x.$$

又知销售单价为 20 元，于是销售 x 个单位产品得到的总收益函数为 $R(x) = 20x$. 所以，总利润函数 $L(x)$ 为

$$L(x) = R(x) - F(x) = 20x - 0.2x^2 + 12x = 32x - 0.2x^2.$$

令 $L'(x) = 32 - 0.4x = 0$，得唯一驻点 $x = 80$. 而 $L''(80) = -0.4 < 0$，故 $L(x)$ 在 $x = 80$ 时取得最大值，最大值为

$$L(80) = 32 \times 80 - 0.2 \times 80^2 = 1\ 280.$$

即每天生产 80 个单位时，可获最大利润 1 280 元.

习题 6.4

1. 计算下列各题中所给曲线围成的平面图形的面积.

(1) 曲线 $y = \mathrm{e}^x$ 与直线 $x = 0, x = 1$ 及 $y = 0$ 所围成的图形；

(2) 曲线 $y = x^2$ 与直线 $y = 2x + 3$ 所围成的图形；

(3) 曲线 $y = \ln x$ 与直线 $y = \ln 2, y = \ln 7$ 及 $x = 0$ 所围成的图形；

(4) 曲线 $y = x^2$ 与直线 $y = x$ 及 $y = 2x$ 所围成的图形.

2. 设有一长为 25cm 的弹簧，若加以 1N 的力，则弹簧伸长到 30cm，求使弹簧由 25cm 伸长到 40cm 时所作的功.

3. 有一圆柱形贮水桶，高为 2m，底圆半径为 0.8m，桶内装 1m 深的水，试问要将桶内水全部吸出要作多少功？

4. 有一闸门，它的形状和尺寸如图 6-18 所示，水面超过门顶 2m，求闸门上所受的水压力.

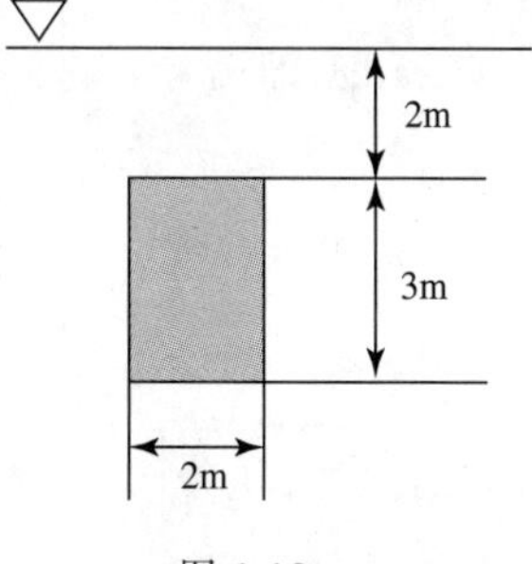

图 6-18

5. 已知生产某种产品时，边际成本函数为 $C'(q) = q^2 - 4q + 4$(万元 / 吨)，固定成本 $C(0) = 6$ 万元，边际收入 $R'(q) = 15 - 2q$(万元 / 吨)，试求总成本函数和总收益函数.

6. 某工厂每天生产某产品 Q 单位，固定成本为 20 元，边际成本为 $C'(Q) = 0.4Q + 2$(元 / 单位).

(1) 求成本函数 $C(Q)$；

(2) 如果这种产品销售价为 18 元 / 单位，且产品可以全部售出，求利润函数；

(3) 每天生产多少单位产品时，才能获得最大利润？

7. 某厂生产某种产品 x 百台，总成本 C(单位：万元) 的变化率为 $C'(x) = 2$，固定成本为 0，收益函数 R 的变化率是产量 x 的函数 $R'(x) = 7 - 2x$. 求：

(1) 当产量为多少时，总利润最大；

(2) 在利润最大的产量基础上又生产 50 台，总利润减少了多少？

*6.5 广义积分

6.5.1 无限区间上的广义积分

定义 2 设函数 $f(x)$ 在区间 $[a,+\infty)$ 上连续，取 $b>a$. 如果极限 $\lim\limits_{b\to+\infty}\int_a^b f(x)\mathrm{d}x$ 存在，则称此极限为函数 $f(x)$ 在无限区间 $[a,+\infty)$ 上的广义积分，记作 $\int_a^{+\infty} f(x)\mathrm{d}x$，即

$$\int_a^{+\infty} f(x)\mathrm{d}x=\lim_{b\to+\infty}\int_a^b f(x)\mathrm{d}x.$$

这时也称广义积分 $\int_a^{+\infty} f(x)\mathrm{d}x$ 收敛.

如果上述极限不存在，函数 $f(x)$ 在无穷区间 $[a,+\infty)$ 上的广义积分 $\int_a^{+\infty} f(x)\mathrm{d}x$ 就没有意义，此时称广义积分 $\int_a^{+\infty} f(x)\mathrm{d}x$ 发散.

类似地，设函数 $f(x)$ 在区间 $(-\infty,b]$ 上连续，如果极限 $\lim\limits_{a\to-\infty}\int_a^b f(x)\mathrm{d}x(a<b)$ 存在，则称此极限为函数 $f(x)$ 在无穷区间 $(-\infty,b]$ 上的广义积分，记作 $\int_{-\infty}^b f(x)\mathrm{d}x$，即

$$\int_{-\infty}^b f(x)\mathrm{d}x=\lim_{a\to-\infty}\int_a^b f(x)\mathrm{d}x.$$

这时也称广义积分 $\int_{-\infty}^b f(x)\mathrm{d}x$ 收敛. 如果上述极限不存在，则称广义积分 $\int_{-\infty}^b f(x)\mathrm{d}x$ 发散.

设函数 $f(x)$ 在区间 $(-\infty,+\infty)$ 上连续，如果广义积分 $\int_{-\infty}^0 f(x)\mathrm{d}x$ 和 $\int_0^{+\infty} f(x)\mathrm{d}x$ 都收敛，则称上述两个广义积分的和为函数 $f(x)$ 在无穷区间 $(-\infty,+\infty)$ 上的广义积分，记作 $\int_{-\infty}^{+\infty} f(x)\mathrm{d}x$，即

$$\begin{aligned}\int_{-\infty}^{+\infty} f(x)\mathrm{d}x&=\int_{-\infty}^0 f(x)\mathrm{d}x+\int_0^{+\infty} f(x)\mathrm{d}x\\&=\lim_{a\to-\infty}\int_a^0 f(x)\mathrm{d}x+\lim_{b\to+\infty}\int_0^b f(x)\mathrm{d}x.\end{aligned}$$

这时也称广义积分 $\int_{-\infty}^{+\infty} f(x)\mathrm{d}x$ 收敛.

如果上式右端有一个广义积分发散，则称广义积分 $\int_{-\infty}^{+\infty} f(x)\mathrm{d}x$ 发散.

定义 2′ 连续函数 $f(x)$ 在区间 $[a,+\infty)$ 上的广义积分定义为

$$\int_a^{+\infty} f(x)\mathrm{d}x=\lim_{b\to+\infty}\int_a^b f(x)\mathrm{d}x.$$

在广义积分的定义式中，如果极限存在，则称此广义积分收敛；否则称此广义积分发散.

类似地，连续函数 $f(x)$ 在区间 $(-\infty,b]$ 上和在区间 $(-\infty,+\infty)$ 上的广义积分定义为

$$\int_{-\infty}^b f(x)\mathrm{d}x=\lim_{a\to-\infty}\int_a^b f(x)\mathrm{d}x.$$

$$\int_{-\infty}^{+\infty} f(x)\mathrm{d}x = \lim_{a\to-\infty}\int_a^0 f(x)\mathrm{d}x + \lim_{b\to+\infty}\int_0^b f(x)\mathrm{d}x.$$

广义积分的计算:如果 $F(x)$ 是 $f(x)$ 的原函数,则

$$\int_a^{+\infty} f(x)\mathrm{d}x = \lim_{b\to+\infty}\int_a^b f(x)\mathrm{d}x = \lim_{b\to+\infty}[F(x)]_a^b$$
$$= \lim_{b\to+\infty} F(b) - F(a) = \lim_{x\to+\infty} F(x) - F(a).$$

可采用如下简记形式:

$$\int_a^{+\infty} f(x)\mathrm{d}x = [F(x)]_a^{+\infty} = \lim_{x\to+\infty} F(x) - F(a).$$

类似地,

$$\int_{-\infty}^{b} f(x)\mathrm{d}x = [F(x)]_{-\infty}^{b} = F(b) - \lim_{x\to-\infty} F(x),$$

$$\int_{-\infty}^{+\infty} f(x)\mathrm{d}x = [F(x)]_{-\infty}^{+\infty} = \lim_{x\to+\infty} F(x) - \lim_{x\to-\infty} F(x).$$

【例 6-18】 计算广义积分$\int_{-\infty}^{+\infty}\frac{1}{1+x^2}\mathrm{d}x$.

解 $\int_{-\infty}^{+\infty}\frac{1}{1+x^2}\mathrm{d}x = [\arctan x]_{-\infty}^{+\infty} = \lim_{x\to+\infty}\arctan x - \lim_{x\to-\infty}\arctan x$

$$= \frac{\pi}{2} - \left(-\frac{\pi}{2}\right) = \pi.$$

【例 6-19】 计算广义积分$\int_0^{+\infty} t\mathrm{e}^{-pt}\mathrm{d}t$ (p 是常数,且 $p>0$).

解 $\int_0^{+\infty} t\mathrm{e}^{-pt}\mathrm{d}t = \left[\int t\mathrm{e}^{-pt}\mathrm{d}t\right]_0^{+\infty} = \left[-\frac{1}{p}\int t\mathrm{d}\mathrm{e}^{-pt}\right]_0^{+\infty}$

$$= \left[-\frac{1}{p}t\mathrm{e}^{-pt} + \frac{1}{p}\int \mathrm{e}^{-pt}\mathrm{d}t\right]_0^{+\infty} = \left[-\frac{1}{p}t\mathrm{e}^{-pt} - \frac{1}{p^2}\mathrm{e}^{-pt}\right]_0^{+\infty}$$

$$= \lim_{t\to+\infty}\left[-\frac{1}{p}t\mathrm{e}^{-pt} - \frac{1}{p^2}\mathrm{e}^{-pt}\right] + \frac{1}{p^2} = \frac{1}{p^2}.$$

提示:$\lim_{t\to+\infty} t\mathrm{e}^{-pt} = \lim_{t\to+\infty}\frac{t}{\mathrm{e}^{pt}} = \lim_{t\to+\infty}\frac{1}{p\mathrm{e}^{pt}} = 0.$

【例 6-20】 讨论广义积分$\int_a^{+\infty}\frac{1}{x^p}\mathrm{d}x (a>0)$ 的敛散性.

解 当 $p=1$ 时,$\int_a^{+\infty}\frac{1}{x^p}\mathrm{d}x = \int_a^{+\infty}\frac{1}{x}\mathrm{d}x = [\ln x]_a^{+\infty} = +\infty.$

当 $p<1$ 时,$\int_a^{+\infty}\frac{1}{x^p}\mathrm{d}x = \left[\frac{1}{1-p}x^{1-p}\right]_a^{+\infty} = +\infty.$

当 $p>1$ 时,$\int_a^{+\infty}\frac{1}{x^p}\mathrm{d}x = \left[\frac{1}{1-p}x^{1-p}\right]_a^{+\infty} = \frac{a^{1-p}}{p-1}.$

因此,当 $p>1$ 时,此广义积分收敛,其值为$\frac{a^{1-p}}{p-1}$;当 $p\leqslant 1$ 时,此广义积分发散.

6.5.2 无界函数的广义积分

定义 3 设函数 $f(x)$ 在区间$(a, b]$上连续,而在点 a 的右邻域内无界.取 $\varepsilon>0$,如果极限$\lim_{t\to a^+}\int_t^b f(x)\mathrm{d}x$ 存在,则称此极限为函数 $f(x)$ 在$(a, b]$上的广义积分,仍然记作

$\int_a^b f(x)\mathrm{d}x$,即

$$\int_a^b f(x)\mathrm{d}x = \lim_{t\to a^+}\int_t^b f(x)\mathrm{d}x.$$

这时也称广义积分$\int_a^b f(x)\mathrm{d}x$收敛.如果上述极限不存在,就称广义积分$\int_a^b f(x)\mathrm{d}x$发散.

类似地,设函数$f(x)$在区间$[a, b)$上连续,而在点b的左邻域内无界.取$\varepsilon>0$,如果极限$\lim\limits_{t\to b^-}\int_a^t f(x)\mathrm{d}x$存在,则称此极限为函数$f(x)$在$[a, b)$上的广义积分,仍然记作$\int_a^b f(x)\mathrm{d}x$,即

$$\int_a^b f(x)\mathrm{d}x = \lim_{t\to b^-}\int_a^t f(x)\mathrm{d}x.$$

这时也称广义积分$\int_a^b f(x)\mathrm{d}x$收敛.如果上述极限不存在,就称广义积分$\int_a^b f(x)\mathrm{d}x$发散.

设函数$f(x)$在区间$[a, b]$上除点$c(a<c<b)$外连续,而在点c的邻域内无界.如果两个广义积分$\int_a^c f(x)\mathrm{d}x$与$\int_c^b f(x)\mathrm{d}x$都收敛,则定义

$$\int_a^b f(x)\mathrm{d}x = \int_a^c f(x)\mathrm{d}x + \int_c^b f(x)\mathrm{d}x.$$

否则,就称广义积分$\int_a^b f(x)\mathrm{d}x$发散.

瑕点:如果函数$f(x)$在点a的任一邻域内都无界,那么点a称为函数$f(x)$的瑕点,也称为无界.

定义 3′ 设函数$f(x)$在区间$(a, b]$上连续,点a为$f(x)$的瑕点.函数$f(x)$在$(a, b]$上的广义积分定义为

$$\int_a^b f(x)\mathrm{d}x = \lim_{t\to a^+}\int_t^b f(x)\mathrm{d}x.$$

在广义积分的定义式中,如果极限存在,则称此广义积分收敛;否则称此广义积分发散.

类似地,函数$f(x)$在$[a, b)$(b为瑕点)上的广义积分定义为

$$\int_a^b f(x)\mathrm{d}x = \lim_{t\to b^-}\int_a^t f(x)\mathrm{d}x.$$

函数$f(x)$在$[a, c)\cup(c, b]$(c为瑕点)上的广义积分定义为

$$\int_a^b f(x)\mathrm{d}x = \lim_{t\to c^-}\int_a^t f(x)\mathrm{d}x + \lim_{t\to c^+}\int_t^b f(x)\mathrm{d}x.$$

广义积分的计算:如果$F(x)$为$f(x)$的原函数,则有

$$\begin{aligned}\int_a^b f(x)\mathrm{d}x &= \lim_{t\to a^+}\int_t^b f(x)\mathrm{d}x = \lim_{t\to a^+}[F(x)]_t^b \\ &= F(b) - \lim_{t\to a^+}F(t) = F(b) - \lim_{x\to a^+}F(x).\end{aligned}$$

可采用如下简记形式:

$$\int_a^b f(x)\mathrm{d}x = [F(x)]_a^b = F(b) - \lim_{x\to a^+}F(x).$$

类似地,有

$$\int_a^b f(x)\mathrm{d}x = [F(x)]_a^b = \lim_{x\to b^-}F(x) - F(a),$$

当a为瑕点时,$\int_a^b f(x)\mathrm{d}x = [F(x)]_a^b = F(b) - \lim\limits_{x\to a^+}F(x)$;

当 b 为瑕点时，$\int_a^b f(x)\mathrm{d}x = [F(x)]_a^b = \lim\limits_{x\to b^-}F(x) - F(a)$.

当 $c(a<c<b)$ 为瑕点时，

$$\int_a^b f(x)\mathrm{d}x = \int_a^c f(x)\mathrm{d}x + \int_c^b f(x)\mathrm{d}x = [\lim_{x\to c^-}F(x) - F(a)] + [F(b) - \lim_{x\to c^+}F(x)].$$

【例 6-21】　计算广义积分$\int_0^a \frac{1}{\sqrt{a^2-x^2}}\mathrm{d}x$.

解　因为$\lim\limits_{x\to a^-}\frac{1}{\sqrt{a^2-x^2}}=+\infty$,所以点 a 为被积函数的瑕点.

$$\int_0^a \frac{1}{\sqrt{a^2-x^2}}dx = \left[\arcsin\frac{x}{a}\right]_0^a = \lim_{x\to a^-}\arcsin\frac{x}{a} - 0 = \frac{\pi}{2}.$$

【例 6-22】　讨论广义积分$\int_{-1}^1 \frac{1}{x^2}\mathrm{d}x$ 的收敛性.

解　函数$\frac{1}{x^2}$ 在区间$[-1,1]$上除 $x=0$ 外连续，且$\lim\limits_{x\to 0}\frac{1}{x^2}=\infty$.

由于$\int_{-1}^0 \frac{1}{x^2}\mathrm{d}x = \left[-\frac{1}{x}\right]_{-1}^0 = \lim\limits_{x\to 0^-}\left(-\frac{1}{x}\right)-1=+\infty$,即广义积分$\int_{-1}^0 \frac{1}{x^2}\mathrm{d}x$ 发散，

所以广义积分$\int_{-1}^1 \frac{1}{x^2}\mathrm{d}x$ 发散.

【例 6-23】　讨论广义积分$\int_a^b \frac{\mathrm{d}x}{(x-a)^q}$ 的敛散性.

解　当 $q=1$ 时，$\int_a^b \frac{\mathrm{d}x}{(x-a)^q} = \int_a^b \frac{\mathrm{d}x}{x-a} = [\ln(x-a)]_a^b = +\infty$.

当 $q>1$ 时，$\int_a^b \frac{\mathrm{d}x}{(x-a)^q} = \left[\frac{1}{1-q}(x-a)^{1-q}\right]_a^b = +\infty$.

当 $q<1$ 时，$\int_a^b \frac{\mathrm{d}x}{(x-a)^q} = \left[\frac{1}{1-q}(x-a)^{1-q}\right]_a^b = \frac{1}{1-q}(b-a)^{1-q}$.

因此，当 $q<1$ 时，此广义积分收敛，其值为$\frac{1}{1-q}(b-a)^{1-q}$；当 $q\geqslant 1$ 时，此广义积分发散.

习题 6.5

1. 下列(　　)是广义积分.

A. $\int_1^2 \frac{1}{x^2}\mathrm{d}x$　　B. $\int_{-1}^1 \frac{1}{x}\mathrm{d}x$　　C. $\int_0^{\frac{1}{2}} \frac{1}{\sqrt{1-x^2}}\mathrm{d}x$　　D. $\int_{-1}^1 \mathrm{e}^{-x}\mathrm{d}x$

2. 当(　　)时，广义积分$\int_{-\infty}^0 \mathrm{e}^{-kx}\mathrm{d}x$ 收敛.

A. $k>0$　　B. $k\geqslant 0$　　C. $k<0$　　D. $k\leqslant 0$

3. 下列广义积分收敛的是(　　).

A. $\int_1^{+\infty}\frac{\mathrm{d}x}{\sqrt{x}}$　　B. $\int_1^{+\infty}\frac{\mathrm{d}x}{x\sqrt{x}}$　　C. $\int_1^{+\infty}\sqrt{x}\,\mathrm{d}x$　　D. $\int_1^{+\infty}\frac{\mathrm{d}x}{\sqrt[3]{x^2}}$

4. 下列无穷限积分收敛的是(　　).

A. $\int_{\mathrm{e}}^{+\infty}\frac{\ln x}{x}\mathrm{d}x$　　B. $\int_{\mathrm{e}}^{+\infty}\frac{\sqrt{\ln x}}{x}\mathrm{d}x$

C. $\int_{e}^{+\infty} \frac{1}{x(\ln x)^2}\mathrm{d}x$　　　　D. $\int_{e}^{+\infty} \frac{1}{x\sqrt{\ln x}}\mathrm{d}x$

5. 求下列广义积分.

(1) $\int_{0}^{+\infty} \mathrm{e}^{-x}\mathrm{d}x$；　　　　(2) $\int_{e}^{+\infty} \frac{1}{x\ln x}\mathrm{d}x$；

(3) $\int_{0}^{+\infty} x\mathrm{e}^{-x^2}\mathrm{d}x$；　　　　(4) $\int_{-\infty}^{0} \frac{2x}{(1+x^2)^2}\mathrm{d}x$；

(5) $\int_{0}^{1} \frac{\mathrm{d}x}{\sqrt{1-x^2}}$；　　　　(6) $\int_{0}^{+\infty} \frac{1}{x^2+1}\mathrm{d}x$；

(7) $\int_{-\infty}^{0} \frac{\mathrm{d}x}{1-x}$；　　　　(8) $\int_{1}^{2} \frac{\mathrm{d}x}{(1-x)^2}$.

本章小结

1. 定积分的定义

$$\int_a^b f(x)\mathrm{d}x = \lim_{\lambda\to-\infty}\sum_{1\leqslant i\leqslant n}^{n} f(\xi_i)\Delta x_i.$$

2. 几何意义

(1) 当 $f(x)\geqslant 0$ 时，$\int_a^b f(x)\mathrm{d}x$ 表示由 x 轴，直线 $x=a$，$x=b$ 及曲线 $y=f(x)$ 所围成的曲边梯形的面积；

(2) 当 $f(x)\leqslant 0$ 时，$\int_a^b f(x)\mathrm{d}x$ 等于对应曲边梯形面积的相反数；

(3) 若 $f(x)$ 有正有负，则积分值等于曲线 $y=f(x)$ 在 x 轴上方围成图形与下方围成图形的面积的代数和.

3. 基本性质

(1) $\int_a^b [f(x)\pm g(x)]\mathrm{d}x = \int_a^b f(x)\mathrm{d}x \pm \int_a^b g(x)\mathrm{d}x$.

(2) $\int_a^b kf(x)\mathrm{d}x = k\int_a^b f(x)\mathrm{d}x$（$k$ 为常数）.

(3) $\int_a^b f(x)\mathrm{d}x = \int_a^c f(x)\mathrm{d}x + \int_c^b f(x)\mathrm{d}x$.

(4) $\int_a^b f(x)\mathrm{d}x = -\int_b^a f(x)\mathrm{d}x$.

(5) 如果在区间 $[a,b]$ 上，恒有 $f(x)\geqslant g(x)$，则 $\int_a^b f(x)\mathrm{d}x \geqslant \int_a^b g(x)\mathrm{d}x$.

(6)（积分估值定理）如果函数 $f(x)$ 在闭区间 $[a,b]$ 上有最大值 M 和最小值 m，则 $m(b-a)\leqslant \int_a^b f(x)\mathrm{d}x \leqslant M(b-a)$.

(7)（积分中值定理）如果函数 $f(x)$ 在闭区间 $[a,b]$ 上连续，则在区间 $[a,b]$ 上至少有一点 ξ，使得 $\int_a^b f(x)\mathrm{d}x = f(\xi)(b-a)$.

4. 定积分的计算

(1) 牛顿－莱布尼兹公式：

$\int_a^b f(x)\mathrm{d}x = F(b) - F(a)$(其中 $F(x)$ 是 $f(x)$ 的一个原函数).

(2) 定积分的换元法(注意换元而且要换限)：

设函数 $f(x)$ 在闭区间$[a,b]$上连续，函数 $x = \varphi(t)$ 在闭区间$[\alpha,\beta]$上有连续导数，且 $\varphi(\alpha) = a, \varphi(\beta) = b$ 及 $a \leqslant \varphi(t) \leqslant b$，则$\int_a^b f(x)\mathrm{d}x = \int_\alpha^\beta f[\varphi(t)]\varphi'(t)\mathrm{d}t$.

(3) 定积分的分部积分法：

$$\int_a^b uv'\mathrm{d}x = [uv]_a^b - \int_a^b u'v\mathrm{d}x，或\int_a^b u\mathrm{d}v = [uv]_a^b - \int_a^b v\mathrm{d}u.$$

5. 定积分的应用

(1) 平面图形的面积：

① 由曲线 $y = f(x), y = g(x), x = a, x = b, f(x) \geqslant g(x), a < b$ 所围图形的面积为 $A = \int_a^b [f(x) - g(x)]\mathrm{d}x$；

② 由 $x = \varphi(y), x = \psi(y), y = c, y = d, \varphi(y) \geqslant \psi(y), c < d$ 所围平面图形的面积为 $A = \int_c^d [\varphi(y) - \psi(y)]\mathrm{d}y$.

(2) 旋转体的体积：

① 将区间$[a,b]$上的连续曲线 $y = f(x)$ 绕 x 轴旋转一周，所得旋转体的体积 $V = \pi\int_a^b [f(x)]^2\mathrm{d}x$；

② 将区间$[c,d]$上的连续曲线 $x = \varphi(y)$ 绕 y 轴旋转一周，所得旋转体的体积为 $V = \pi\int_c^d \varphi^2(y)\mathrm{d}y$.

③ 经济应用.

6. 广义积分.

(1)$\int_{-\infty}^b f(x)\mathrm{d}x = \lim\limits_{a\to-\infty}\int_a^b f(x)\mathrm{d}x$；

(2)$\int_a^{+\infty} f(x)\mathrm{d}x = \lim\limits_{b\to+\infty}\int_a^b f(x)\mathrm{d}x$；

(3)$\int_a^b f(x)\mathrm{d}x = \lim\limits_{t\to b^-}\int_a^t f(x)\mathrm{d}x$($b$ 为瑕点)；

(4)$\int_a^b f(x)\mathrm{d}x = \lim\limits_{t\to a^+}\int_t^b f(x)\mathrm{d}x$($a$ 为瑕点).

总习题 6

1. 选择题.

(1) 下列各式中错误的是(　　).

A. $\int_a^a f(x)\mathrm{d}x = 0$　　　B. $\int_a^b f(x)\mathrm{d}x = \int_a^b f(y)\mathrm{d}y$

C. $\int_a^b f'(x)\mathrm{d}x = f(b) - f(a)$　　D. $\int_a^b f(x)\mathrm{d}x = 2\int_a^b f(2t)\mathrm{d}t$

(2) 根据定积分的几何意义，$\int_{-1}^{1}\sqrt{1-x^2}\,\mathrm{d}x$ 表示(　　).

A. 半径为 1 的圆的面积　　B. 边长为 2 的正方形的面积

C. 半径为 1 的上半圆的面积　　D. 底边长为 2，高为 1 的三角形面积

(3) 设 $f(x) = \int_0^{x^2}\frac{1}{\sqrt{1+t^3}}\mathrm{d}t$，则 $f'(x) = ($　　$)$.

A. $\frac{1}{\sqrt{1+x^3}}$　　B. $\frac{1}{\sqrt{1+x^6}}$　　C. $\frac{2x}{\sqrt{1+x^3}}$　　D. $\frac{2x}{\sqrt{1+x^6}}$

(4) $\int_2^1 \frac{1}{x}\mathrm{d}x = ($　　$)$.

A. $-\ln 2$　　B. 0　　C. $\ln 2$　　D. $\ln 3$

(5) 设 $I = \int_0^{\pi^2}\sin\sqrt{x}\,\mathrm{d}x$，令 $t = \sqrt{x}$，则有(　　).

A. $I = 2\int_0^{\pi} t\sin t\,\mathrm{d}t$　　B. $I = \int_0^{\pi}\sin t\,\mathrm{d}t$

C. $I = 2\int_0^{\pi^2} t\sin t\,\mathrm{d}t$　　D. $I = \int_0^{\pi^2}\sin t\,\mathrm{d}t$

(6) $\frac{\mathrm{d}}{\mathrm{d}x}\int_a^b f(x)\mathrm{d}x = ($　　$)$.

A. $f(x)$　　B. 0　　C. $f(b) - f(a)$　　D. $f(a) - f(b)$

(7) 下列不等式中成立的是(　　).

A. $\int_0^1 x^3\mathrm{d}x \leqslant \int_0^1 x^2\mathrm{d}x$　　B. $\int_1^2 x^3\mathrm{d}x \leqslant \int_1^2 x^2\mathrm{d}x$

C. $\int_{-1}^0 x^3\mathrm{d}x \geqslant \int_{-1}^0 x^2\mathrm{d}x$　　D. $\int_{-1}^1 x^3\mathrm{d}x \geqslant \int_{-1}^1 x^2\mathrm{d}x$.

(8) 设 $f(x) = \int_x^0 \frac{1}{\sqrt{1+t^3}}\mathrm{d}t$，则 $f'(x) = ($　　$)$.

A. $\frac{3x^2}{\sqrt{1+x^3}}$　　B. $-\frac{3x^2}{\sqrt{1+x^3}}$　　C. $\frac{1}{\sqrt{1+x^3}}$　　D. $-\frac{1}{\sqrt{1+x^3}}$

(9) 设 $f(x)$ 连续，且为偶函数，则 $\int_{-a}^{a} f(x)\mathrm{d}x$ 必等于(　　).

A. $2\int_0^a f(x)\mathrm{d}x$　　B. 0　　C. $\int_0^{2a} f(x)\mathrm{d}x$　　D. $\int_0^a f(x)\mathrm{d}x$

(10) $\int_0^1 2x\sin x^2\,\mathrm{d}x = ($　　$)$.

A. $2\cos(x^2)\Big|_0^1$　　B. $\cos(x^2)\Big|_0^1$

C. $-2\cos(x^2)\Big|_0^1$　　D. $-\cos(x^2)\Big|_0^1$

(11) 下列各式可直接使用牛顿 — 莱布尼兹公式求值的是(　　).

A. $\int_{-1}^1 \frac{x\mathrm{d}x}{\sqrt{1-x^2}}$　　B. $\int_{-1}^1 x^2\mathrm{d}x$

C. $\int_{\frac{1}{e}}^{e} \frac{dx}{x\ln x}$　　D. $\int_{0}^{2} \frac{dx}{(x-1)^2}$

(12) 设 $f(x)$ 连续，$a>0$，$I=\int_{0}^{a} f(a-x)dx=$（　　）.

A. $I=\int_{a}^{0} f(t)dt$　　B. $I=-\int_{0}^{a} f(t)dt$

C. $I=\int_{0}^{a} f(t)dt$　　D. $I=\int_{-a}^{0} f(t)dt$

(13) $\int_{1}^{+\infty} \frac{x+1}{\sqrt[3]{x}}dx$ 为（　　）.

A. 发散　　B. 0　　C. $\frac{1}{2}$　　D. 2

(14) 下列不等式中，正确的是（　　）.

A. $\int_{0}^{1} e^{x}dx \leqslant \int_{0}^{1} e^{x^2}dx$　　B. $\int_{0}^{1} e^{x}dx \geqslant \int_{0}^{1} e^{x^2}dx$

C. $\int_{0}^{1} e^{x}dx = \int_{0}^{1} e^{x^2}dx$　　D. 以上都不对

(15) 下列各式可直接使用牛顿—莱布尼兹公式求值的是（　　）.

A. $\int_{-1}^{1} \frac{xdx}{\sqrt{2-x^2}}$　　B. $\int_{-1}^{1} \frac{1}{x^2}dx$

C. $\int_{1}^{e} \frac{dx}{x\ln x}$　　D. $\int_{0}^{3} \frac{dx}{(x-2)^2}$

(16) $\int_{-1}^{1} \frac{e^{x}+e^{-x}}{2}dx=$（　　）.

A. $\frac{1}{2}e^{-1}$　　B. $e-\frac{1}{e}$　　C. 0　　D. 1

(17) 下列广义积分收敛的是（　　）.

A. $\int_{1}^{+\infty} xdx$　　B. $\int_{1}^{+\infty} x^2dx$　　C. $\int_{1}^{+\infty} \frac{1}{x}dx$　　D. $\int_{1}^{+\infty} \frac{1}{x^2}dx$

(18) 根据定积分的几何意义，$\int_{0}^{R} \sqrt{R^2-x^2}dx$ 表示（　　）.

A. 半径为 R 的圆的面积　　B. 半径为 R 的 $\frac{1}{4}$ 圆的面积

C. 半径为 R 的上半圆的面积　　D. 边长为 R 的正方形的面积

(19) 由两曲线 $x=f(y)$，$x=g(y)$ 及直线 $y=a$，$y=b$，$(a<b)$ 所成的平面图形的面积为（　　）.

A. $\int_{a}^{b} |f(y)-g(y)|dy$　　B. $\int_{a}^{b} (f(y)-g(y))dy$

C. $\int_{a}^{b} (g(y)-f(y))dy$　　D. $\left|\int_{a}^{b} (f(y)-g(y))dy\right|$

(20) 下列各式可直接使用牛顿—莱布尼兹公式求值的是（　　）.

A. $\int_{0}^{1} \frac{dx}{(x-1)^2}$　　B. $\int_{\frac{1}{e}}^{e} \frac{dx}{x\ln x}$　　C. $\int_{-1}^{1} \frac{xdx}{\sqrt{1-x^2}}$　　D. $\int_{-1}^{1} x|x|dx$

(21) 下列广义积分收敛的是（　　）.

A. $\int_1^{+\infty}\cos x\mathrm{d}x$　　B. $\int_1^{+\infty}\frac{\mathrm{d}x}{x^2}$　　C. $\int_1^{+\infty}\ln x\mathrm{d}x$　　D. $\int_1^{+\infty}\mathrm{e}^x\mathrm{d}x$

(22) 由两曲线 $y=f(x)$，$y=g(x)$ 及直线 $x=a$，$x=b$，$(a<b)$ 所围成的平面图形的面积为(　　).

A. $\int_a^b|f(x)-g(x)|\mathrm{d}x$　　B. $\int_a^b(f(x)-g(x))\mathrm{d}x$

C. $\int_a^b(g(x)-f(x))\mathrm{d}x$　　D. $\left|\int_a^b(f(x)-g(x))\mathrm{d}x\right|$

(23) 下列定积分不为零的是(　　).

A. $\int_{-\pi}^{\pi}\cos x\mathrm{d}x$　　B. $\int_{-\frac{\pi}{2}}^{\frac{\pi}{2}}\sin x\cos x\mathrm{d}x$

C. $\int_{-1}^{1}\sin x\mathrm{d}x$　　D. $\int_{\frac{\pi}{4}}^{\frac{\pi}{3}}\tan x\mathrm{d}x$

(24) $\int_{-1}^{1}|x^3|\mathrm{d}x$ 等于(　　).

A. $\frac{1}{4}$　　B. 0　　C. $\frac{1}{2}$　　D. 1

(25) $\int_0^{\pi}|\cos x|\mathrm{d}x$ 等于(　　).

A. -2　　B. 0　　C. 2　　D. 1

(26) 定积分 $\int_a^b x\mathrm{d}x$ 的值为(　　).

A. $b-a$　　B. $\frac{(b-a)^2}{2}$　　C. $\frac{1}{2}(b^2-a^2)$　　D $\frac{b-a}{2}$

(27) 下列定积分值为零的是(　　).

A. $\int_{-1}^{1}x^2\mathrm{d}x$　　B. $\int_{-1}^{2}x^3\mathrm{d}x$　　C. $\int_{-1}^{1}\mathrm{d}x$　　D. $\int_{-1}^{1}x^2\sin x\mathrm{d}x$

(28) 广义积分 $\int_a^{+\infty}\frac{1}{x^p}\mathrm{d}x$ 收敛的条件为(　　).

A. $p>1$　　B. $p<1$　　C. $p\geqslant 1$　　D. $p\leqslant 1$

(29) $\int_0^3|2-x|\mathrm{d}x=$ (　　).

A. $\frac{5}{2}$　　B. $\frac{1}{2}$　　C. $\frac{3}{2}$　　D. $\frac{2}{3}$

(30) 定积分 $\int_a^b\mathrm{d}x(a<b)$ 在几何上表示(　　).

A. 线段 $b-a$　　B. 线段长 $a-b$

C. 矩形面积 $(b-a)\times 1$　　D. 矩形面积 $(a-b)\times 1$

(31) 由曲线 $y=\cos x$，$y=0$，$x=-\frac{\pi}{2}$，$x=\pi$ 围成的面积可表示成为(　　).

A. $\int_{-\frac{\pi}{2}}^{\pi}\cos x\mathrm{d}x$　　B. $2\int_0^{\frac{\pi}{2}}\cos x\mathrm{d}x-\int_{\frac{\pi}{2}}^{\pi}\cos x\mathrm{d}x$

C. $2\int_0^{\frac{\pi}{2}}\cos x\mathrm{d}x+\int_{\frac{\pi}{2}}^{\pi}\cos x\mathrm{d}x$　　D. $\left|\int_{-\frac{\pi}{2}}^{\pi}\cos x\mathrm{d}x\right|$

(32) 广义积分$\int_0^{+\infty}\cos x\mathrm{d}x$是(　　).

A. 发散　B. 可能收敛　C. 收敛于零　D. 收敛

(33) 下列不等式中,正确的是(　　).

A. $\int_e^3\ln x\mathrm{d}x \geqslant \int_e^3 \ln^2 x\mathrm{d}x$　B. $\int_1^e\ln x\mathrm{d}x \leqslant \int_1^e \ln^2 x\mathrm{d}x$

C. $\int_1^2\ln x\mathrm{d}x \geqslant \int_1^2 \ln^2 x\mathrm{d}x$　D. 以上都不对

(34) 已知$\Phi(x) = \int_0^{x^2} \mathrm{e}^t\mathrm{d}t$,则$\Phi'(x) = $(　　).

A. e^{x^2}　B. e^x　C. $2x\mathrm{e}^{x^2}$　D. $x^2\mathrm{e}^{x^2}$

(35) 已知$\Phi(x) = \int_{x^2}^0 \sin t\mathrm{d}t$,则$\Phi'(x) = $(　　).

A. $2x\sin x^2$　B. $\sin x^2$　C. $-2x\sin x^2$　D. $\sin x$

(36) $\frac{\mathrm{d}}{\mathrm{d}x}\int_a^b \arctan x\mathrm{d}x = $(　　).

A. $\arctan x$　B. 0

C. $\frac{1}{1+x^2}$　D. $\arctan b - \arctan a$

(37) 设$\int_0^a \frac{1}{\sqrt{1+t^2}}\mathrm{d}t = m$,则$\int_{-a}^a \frac{1}{\sqrt{1+t^2}}\mathrm{d}t = $(　　).

A. 0　B. $-m$　C. $2m$　D. $2m + c$

(38) 下列广义积分收敛的是(　　).

A. $\int_1^{+\infty}\mathrm{e}^{-x}\mathrm{d}x$　B. $\int_1^{+\infty}\frac{\mathrm{d}x}{x}$　C. $\int_1^{+\infty}\sin x\mathrm{d}x$　D. $\int_e^{+\infty}\frac{\mathrm{d}x}{x\ln x}$

(39) 已知$\int_0^e \frac{\cos x\mathrm{d}x}{x^2+\sin^2 x+1} = m$,　则$\int_{-e}^e \frac{\cos x\mathrm{d}x}{x^2+\sin^2 x+1} = $(　　).

A. 0　B. $2m$　C. $2m$　D. $a + 2m$

(40) 设$y = f(x)$在$[a,b]$上连续,则定积分$\int_a^b f(x)\mathrm{d}x$的值(　　).

A. 与积分变量字母的选取有关　B. 与区间及被积函数有关

C. 与区间无关,与被积函数有关　D. 与被积函数的形式无关

2. 填空题.

(1) $\int_0^{\frac{\pi}{2}} \sin^2 x\mathrm{d}x = $____________.

(2) $\int_{-\frac{\pi}{2}}^{\frac{\pi}{2}} \cos^3 x\mathrm{d}x = $____________.

(3) $\int_0^{+\infty} \frac{x}{1+x^2}\mathrm{d}x = $____________.

(4) 已知函数$\Phi(x) = \int_1^{x^2}\mathrm{e}^{-t^2}\mathrm{d}t$,则$\Phi'(\sqrt{2}) = $____________.

(5) $\int_1^{+\infty} \frac{1}{1+x^2}\mathrm{d}x = $____________.

(6) $\int_0^1 (x^2+2x)\mathrm{d}x =$ ________________; $\int_1^{+\infty} \frac{1}{x^2}\mathrm{d}x =$ ________________.

(7) $\int_{-a}^{a} \frac{\sin^4 x\tan 4x}{(x^4-2x^2+4)^3\ln(1+x^2)}\mathrm{d}x =$ ________________.

(8) $\int_a^b f(x)\mathrm{d}x =$ ________ $\int_b^a f(x)\mathrm{d}x$.

(9) 已知 $\int_0^3 f(x)\mathrm{d}x = 5$， $\int_2^3 f(x)\mathrm{d}x = 3$， 则 $\int_0^2 f(x)\mathrm{d}x =$ ________________.

(10) $\int_{-1}^{2} |1-x|\mathrm{d}x =$ ________________.

(11) 由曲线 $y = \sin x$、直线 $x = -\frac{\pi}{2}, x = \frac{\pi}{2}$ 以及 x 轴围成图形的面积为________________.

(12) $\frac{\mathrm{d}}{\mathrm{d}x}\int_0^1 x\arctan x\mathrm{d}x =$ ________.

(13) $\int_{-a}^{a}\left(\frac{x^3}{x^4+2x^2+1}+1\right)\mathrm{d}x =$ ________________.

(14) $\int_{-1}^{1}\left(\frac{x^3\sin^4 x}{x^4+2x^2+1}+1\right)\mathrm{d}x =$ ________________.

(15) 若 $\int_a^b \frac{f(x)}{f(x)+g(x)}\mathrm{d}x = m$，则 $\int_a^b \frac{g(x)}{f(x)+g(x)}\mathrm{d}x =$ ________________.

3. 计算下列定积分：

(1) $\int_1^{\mathrm{e}} \frac{1}{x(\ln^2 x+1)}\mathrm{d}x$；

(2) $\int_1^{\mathrm{e}} \frac{1}{x\sqrt{1-\ln^2 x}}\mathrm{d}x$；

(3) $\int_0^1 (\mathrm{e}^x-1)^4\mathrm{e}^x\mathrm{d}x$；

(4) $\int_2^4 |x-3|\mathrm{d}x$；

(5) $\int_0^{2\pi} |\sin x|\mathrm{d}x$；

(6) $\int_0^1 x\sqrt{1-x^2}\mathrm{d}x$；

(7) $\int_0^4 \sin(\sqrt{x}-1)\mathrm{d}x$；

(8) $\int_{-\pi}^{\pi} x(\sin^2 x+\mathrm{e}^x)\mathrm{d}x$；

(9) $\int_{-\pi}^{\pi} (2x^3+x)\cos x\mathrm{d}x$；

(10) $\int_0^{+\infty} \frac{\mathrm{d}x}{4+x^2}$.

4. 求曲线 $y = \frac{1}{x}$ 与直线 $y = x, x = 2$ 所围成的平面图形的面积.

5. 求由曲线 $y = 1-x^2$ 及直线 $y = 0$ 所围成的平面图形分别绕 x 轴及 y 轴旋转一周所得旋转体的体积.

6. 设某产品的边际成本为 $C'(x) = 4+\frac{x}{4}$，边际收入为 $R'(x) = 8-x$，其中 x 为产量(单位：百台)，总成本、总收入的单位为万元，求：

(1)产量由 1 百台增加到 5 百台时总成本与总收入各增加多少?

(2)产量为多少时，才能获得最大利润?

第7章 微 分 方 程

在生产实践与科学技术中，经常需要根据问题提供的条件寻找函数关系.而在许多问题中，往往不容易直接建立这些函数关系，但有时却易于建立函数及其导数之间的关系式，这些关系式就是所谓的微分方程.如果这些方程可求解，就可求得所要求的函数关系了.本章主要介绍常微分方程的基本概念，常见的几种一阶微分方程和简单二阶微分方程的解法，介绍二阶常系数线性齐次和非齐次微分方程解的结构.

7.1 微分方程的基本概念

7.1.1 微分方程概念的引例

【引例1】 求过点(1,3)，且切线斜率为 $2x$ 的曲线方程.

解 设所求的曲线方程是 $y=f(x)$，则根据题意应满足关系 $\frac{\mathrm{d}y}{\mathrm{d}x}=2x$，整理变形得 $\mathrm{d}y=2x\mathrm{d}x$，两边积分后得

$$y=\int 2x\mathrm{d}x=x^2+C \text{ 其中 } C \text{ 为任意常数.}$$

又因为曲线经过点(1,3)，则所求曲线应满足 $y|_{x=1}=3$，把 $y|_{x=1}=3$ 代入上式，得 $3=1^2+C$，即 $C=2$，则所求曲线方程为 $y=x^2+2$.

【引例2】 设质量为 m 的质点，从高 h 处，只受重力作用从静止状态自由下落，试求其运动方程.

解 此质点降落的铅垂线为 x 轴，与地面的交点为原点，并规定向上为正方向，建立坐标系.设质点在 t 时刻的位置为 x，则物体下落的速度为 $v=\frac{\mathrm{d}x}{\mathrm{d}t}$，

加速度为 $a=\frac{\mathrm{d}^2x}{\mathrm{d}t^2}$.由牛顿第二定律 $F=ma$，

可以列出方程 $m\frac{\mathrm{d}^2x}{\mathrm{d}t^2}=-mg$ 或 $\frac{\mathrm{d}^2x}{\mathrm{d}t^2}=-g$.

对上式两边积分，得 $\frac{\mathrm{d}x}{\mathrm{d}t}=-\int g\mathrm{d}t=-gt+C_1$，$\mathrm{d}x=(-gt+C_1)\mathrm{d}t$，

再对上式两边积分，得

$$x=\int(-gt+C_1)\mathrm{d}t=-\frac{1}{2}gt^2+C_1t+C_2,$$

根据题意知当 $t=0$ 时，$x=h$，$v=0$ 即

$$x|_{t=0}=h,v|_{t=0}=\left.\frac{\mathrm{d}x}{\mathrm{d}t}\right|_{t=0}=0,$$

代入两式得 $C_1=0, C_2=h$.

所以所求的运动方程为 $x=-\frac{1}{2}gt^2+h$.

上述两例题,尽管实际意义不同,但解决问题的方法相同,都是首先建立一个含有未知函数的导数的方程,然后解出此方程,求出满足附加条件的未知函数.

7.1.2 微分方程的基本概念

所谓**方程**,是指那些含有未知量的等式,它表达了未知量所必须满足的某种条件.方程的类型繁多,我们根据对未知量施加的数学运算进行分类.

例如,在方程 $x^3-2x+1=0$, $\frac{3}{x+1}-\frac{x-1}{x}=2$ 中对未知数 x 所施加的是代数运算,因此它们都是代数方程.微分方程与上述方程不同,它的未知量是未知函数,而对未知函数施加的运算则是导数或微分运算.

定义 1 一般说来,**微分方程**就是联系自变量、未知函数以及未知函数的导数(或微分)之间关系的等式.

如:$y'=xy$, $\frac{dy}{dx}-\frac{4y}{x(y-3)}=0$, $y''+2y'-3y=e^x$, $\frac{\partial z}{\partial x}=x+y$.

微分方程包括常微分方程和偏微分方程.未知函数是一元函数的微分方程,称为**常微分方程**,如上所述方程中的前三个就是常微分方程.未知函数是多元函数的微分方程,称为**偏微分方程**,如上所述方程中的最后一个就是偏微分方程.

微分方程中出现的未知函数的导数的最高阶数,称为**微分方程的阶**.例如:$y'=2x$ 是一阶微分方程,$y''=-y$ 是二阶微分方程.

如果方程为关于 y 及 y 的导数的一次有理式,则称方程为**线性微分方程**.例如 $y''+2y'-3y=e^x$ 称为二阶线性微分方程.不是线性微分方程的称为**非线性微分方程**.例如$\frac{d^2y}{dx^2}+a\sin y=0$ 是二阶非线性微分方程,$(y')^2+xy'+y=0$ 是一阶非线性微分方程.

如果一个函数代入微分方程后,方程两端恒等,则称此函数为该**微分方程的解**.如引例 1 中 $y=x^2+2$ 是$\frac{dy}{dx}=2x$ 的解.

如果微分方程的解中所含相互独立的任意常数的个数等于微分方程的阶数,则解称为**微分方程的通解**.在通解中给予任意常数确定的值而得到的解称为**特解**.如引例 1 中 $y=x^2+C$ 是$\frac{dy}{dx}=2x$ 的通解,$y=x^2+2$ 是$\frac{dy}{dx}=2x$ 的特解.

要给予任意常数一确定的值,解必须满足某种附加条件,此附加条件称为**初始条件**.如引例 1 中 $y|_{x=1}=3$(或 $y(1)=3$)即为 $y'=2x$ 的初始条件.

为了研究方程的解的性质,我们常常考虑解的图像,并且称之为微分方程的**积分曲线**.而在通解中含有任意常数,所以称之为**积分曲线族**.如引例 1 中 $y=x^2+C$ 即为抛物线族.

习题 7.1

1. 指出下列微分方程的阶数:

(1)$x(y')^2-2yy'+x=0$;　　(2)$xy''+2y'+x^2y=0$;

(3)$(7x-6y)\mathrm{d}x+(x+y)\mathrm{d}y=0$；　　(4)$\rho'+\rho=\sin^2\theta$.

2. 验证函数 $y=C_1\mathrm{e}^{2x}+C_2\mathrm{e}^x$ 为二阶微分方程 $y''-3y'+2y=0$ 的通解，并求方程满足初始条件 $y(0)=0, y'(0)=2$ 的特解.

3. 求下列微分方程的解

(1)$y'=4x^2, y|_{x=0}=0$；　　(2)$y''=3x^4$.

4. 求一曲线方程，此曲线通过(1,3)，并且它在任一点处切线的斜率等于该点横坐标倒数的2倍.

7.2　一阶微分方程

一阶微分方程的一般形式为：

$$F(x,y,y')=0.$$

如方程 $y'-y+x=0$，$(y')^2+x^3y^2-x=0$ 都是一阶微分方程.

7.2.1　已分离变量的微分方程

形如

$$\frac{\mathrm{d}y}{\mathrm{d}x}=f(x)g(y)(\text{或 } y'=f(x)\cdot\varphi(y))$$

的方程，称为**已分离变量的微分方程**.

解　对 $g(y)\mathrm{d}y=f(x)\mathrm{d}x$ 两边积分，得

$$\int g(y)\mathrm{d}y=\int f(x)\mathrm{d}x+C,$$

式中 C 是任意常数. 上式即为原方程的通解表达式.

注意：今后为了明显起见，将不定积分 $\int f(x)\mathrm{d}x$ 看成 $f(x)$ 的一个原函数，而将积分常数 C 单独写出来.

【例 7-1】　求微分方程 $\frac{1}{y}\mathrm{d}y=2x\mathrm{d}x$ 的通解.

解　此方程为已分离变量方程，两边积分得

$$\int\frac{1}{y}\mathrm{d}y=\int 2x\mathrm{d}x,$$

即

$$\ln|y|=x^2+\ln C,$$

从而通解为

$$y=C\mathrm{e}^{x^2}.$$

7.2.2　可分离变量的微分方程

若一阶微分方程 $F(x,y,y')=0$ 能写成

$$\frac{\mathrm{d}y}{\mathrm{d}x}=f(x)g(y)(\text{或 } y'=f(x)\cdot\varphi(y))$$

的形式，则称其为**可分离变量的微分方程**.

可分离变量微分方程的特点是：经过整理变形后，方程的右边是两个函数之积，其中一个只是 x 的函数，另一个只是 y 的函数. 于是，可将 y 和 x 完全分离在等号两边.

解 先分离变量为

$$\frac{\mathrm{d}y}{g(y)}=f(x)\mathrm{d}x(g(y)\neq 0).$$

再对上式两边积分得

$$\int \frac{\mathrm{d}y}{g(y)}=\int f(x)\mathrm{d}x+C,$$

这样便可得到方程的通解.

【例 7-2】 求微分方程$(1+\mathrm{e}^x)yy'=\mathrm{e}^x$ 满足初始条件 $y|_{x=0}=0$ 的特解.

解 此方程为可分离变量方程,分离变量后得 $y\mathrm{d}y=\frac{\mathrm{e}^x}{1+\mathrm{e}^x}\mathrm{d}x$,

两边积分得 $\int y\mathrm{d}y=\int \frac{\mathrm{e}^x}{1+\mathrm{e}^x}\mathrm{d}x$, 即 $\frac{1}{2}y^2=\ln(1+\mathrm{e}^x)+C$.

将 $y|_{x=0}=0$ 代入上式,得 $C=-\ln 2$,

从而得到特解 $\frac{1}{2}y^2=\ln\frac{1+\mathrm{e}^x}{2}$.

*7.2.3 齐次方程

如果一阶微分方程$\frac{\mathrm{d}y}{\mathrm{d}x}=f(x,y)$中的函数 $f(x,y)$可写成$\frac{y}{x}$的函数,即$\frac{\mathrm{d}y}{\mathrm{d}x}=\varphi\left(\frac{y}{x}\right)$,则称此方程为**齐次方程**.

解 在齐次方程$\frac{\mathrm{d}y}{\mathrm{d}x}=\varphi\left(\frac{y}{x}\right)$中,令 $u=\frac{y}{x}$,即 $y=ux$,有

$$u+x\frac{\mathrm{d}u}{\mathrm{d}x}=\varphi(u),$$

分离变量得 $\frac{\mathrm{d}u}{\varphi(u)-u}=\frac{\mathrm{d}x}{x}$,两端积分得 $\int\frac{\mathrm{d}u}{\varphi(u)-u}=\int\frac{\mathrm{d}x}{x}$.

求出积分后,再用$\frac{y}{x}$代替 u,便可得所给齐次方程的通解.

【例 7-3】 求微分方程 $y^2+x^2\frac{\mathrm{d}y}{\mathrm{d}x}=xy\frac{\mathrm{d}y}{\mathrm{d}x}$的通解.

解 原方程可写成$\frac{\mathrm{d}y}{\mathrm{d}x}=\frac{y^2}{xy-x^2}=\frac{\left(\frac{y}{x}\right)^2}{\frac{y}{x}-1}$,因此原方程是齐次方程.

令$\frac{y}{x}=u$,则 $y=ux$,$\frac{\mathrm{d}y}{\mathrm{d}x}=u+x\frac{\mathrm{d}u}{\mathrm{d}x}$.

于是原方程变为 $u+x\frac{\mathrm{d}u}{\mathrm{d}x}=\frac{u^2}{u-1}$,即 $x\frac{\mathrm{d}u}{\mathrm{d}x}=\frac{u}{u-1}$.

分离变量,得 $\left(1-\frac{1}{u}\right)\mathrm{d}u=\frac{\mathrm{d}x}{x}$.

两边积分,得 $u-\ln|u|+C=\ln|x|$,或 $\ln|xu|=u+C$,

将 u 代回$\frac{y}{x}$,便得所给方程的通解 $\ln|y|=\frac{y}{x}+C$.

7.2.4　一阶线性微分方程

定义 2　形如

$$y'+p(x)y=q(x) \tag{1}$$

的方程称为**一阶线性微分方程**,其中 $p(x),q(x)$为已知的连续函数. 当 $q(x)\equiv 0$ 时,即

$$y'+p(x)y=0 \tag{2}$$

称为对应于(1)的**一阶齐次线性微分方程**. 当 $q(x)\neq 0$ 时,即称(1)为一阶非齐次线性微分方程.

齐次线性微分方程 $y'+p(x)y=0$ 是可变量分离方程,分离变量后得$\dfrac{\mathrm{d}y}{y}=-p(x)\mathrm{d}x$,两边积分得

$$\ln|y|=-\int p(x)\mathrm{d}x+C_1,$$

通解为

$$y=C\mathrm{e}^{-\int p(x)\mathrm{d}x}(C=\pm\mathrm{e}^{C_1}). \tag{3}$$

这就是齐次线性方程的通解(积分中不再加任意常数).

接下来我们用"**常数变易法**"求一阶线性非齐次微分方程的通解.

将齐次微分方程的通解 $y=C\mathrm{e}^{-\int P(x)\mathrm{d}x}(C=\pm\mathrm{e}^{C_1})$ 中的任意常数 C,换为待定的函数$u(x)$,设 $y=u(x)\mathrm{e}^{-\int p(x)\mathrm{d}x}$ 为(1)的通解. 代入非齐次微分方程(1)得

$$u'(x)\mathrm{e}^{-\int p(x)\mathrm{d}x}-u(x)\mathrm{e}^{-\int p(x)\mathrm{d}x}p(x)+p(x)u(x)\mathrm{e}^{-\int p(x)\mathrm{d}x}=q(x),$$

化简得　$u'(x)=q(x)\mathrm{e}^{\int p(x)\mathrm{d}x}$,　$u(x)=\int q(x)\mathrm{e}^{\int p(x)\mathrm{d}x}\mathrm{d}x+C$,

于是非齐次微分方程(1)的通解为

$$y=\mathrm{e}^{-\int p(x)\mathrm{d}x}\left[\int q(x)\mathrm{e}^{\int p(x)\mathrm{d}x}\mathrm{d}x+C\right] \tag{4}$$

在求解方程时,(4)式可作为非齐次线性微分方程(1)的通解公式直接求解,也可不必记忆通解公式,按常数变易法的步骤来求解.

【例 7-4】　求微分方程 $y'+2xy=2x\mathrm{e}^{-x^2}$ 的通解.

解一　常数变易法

此方程为一阶线性非齐次方程,对应的齐次方程为 $y'+2xy=0$,其通解为 $y=C\mathrm{e}^{-x^2}$.

设 $y=u(x)\mathrm{e}^{-x^2}$ 是原方程的通解,

则

$$y'=u'(x)\mathrm{e}^{-x^2}-2xu(x)\mathrm{e}^{-x^2}.$$

将 y,y'代入原方程,原方程化为

$$u'(x)\mathrm{e}^{-x^2}-2xu(x)\mathrm{e}^{-x^2}+2xu(x)\mathrm{e}^{-x^2}=2x\mathrm{e}^{-x^2}.$$

即　$u'(x)=2x$,所以　$u(x)=x^2+C$.

从而原方程的通解为　$y=(x^2+C)\mathrm{e}^{-x^2}$.

解二　公式法

$$p(x)=2x,q(x)=2x\mathrm{e}^{-x^2}.$$

由通解公式得 $y=\mathrm{e}^{-\int 2x\mathrm{d}x}\left(\int 2x\mathrm{e}^{-x^2}\mathrm{e}^{\int 2x\mathrm{d}x}\mathrm{d}x+C\right)$.

$$= e^{-x^2}\left(\int 2xe^{-x^2}e^{x^2}dx + C\right) = e^{-x^2}\left(\int 2xdx + C\right) = e^{-x^2}(x^2 + C)$$

【例 7-5】 求微分方程$\frac{dy}{dx}=\frac{y}{x+y^3}$的通解.

解一 显然此方程不是关于 y,y'的线性方程,对其变形为

$$\frac{dx}{dy}=\frac{x}{y}+y^2 \text{或} \frac{dx}{dy}-\frac{1}{y}x=y^2.$$

此方程是关于 x,x'的一阶线性非齐次微分方程.

原方程对应的齐次线性方程为$\frac{dx}{dy}-\frac{1}{y}x=0$,它的通解为 $x=Cy$.

设 $x=u(y)y$ 为$\frac{dx}{dy}-\frac{1}{y}x=y^2$ 的解,则 $x'=u'(y)y+u(y)$,将 x,x'代入方程得$u'(y)=y$,

两边积分得 $u(y)=\frac{1}{2}y^2+C$,

所以原方程的通解为 $x=\frac{1}{2}y^3+Cy$.

解二 公式法

原方程变形为 $\frac{dx}{dy}=\frac{x}{y}+y^2$ 或$\frac{dx}{dy}-\frac{1}{y}x=y^2$.

此时 $p(y)=-\frac{1}{y}$,$q(y)=y^2$,由通解公式得

$$x = e^{\int\frac{1}{y}dy}\left(\int y^2e^{\int(-\frac{1}{y})dy}dy + C\right)$$

$$= e^{\ln y}\left(\int y^2e^{-\ln y}dy + C\right)= y\left(\int ydy + C\right)= \frac{1}{2}y^3 + Cy.$$

习题 7.2

1.用分离变量法求解下列微分方程的通解或特解

(1)$\frac{dy}{dx}=\frac{e^{3x}}{e^y}$;　　(2)$y'+xy=0$;

(3)$\frac{dy}{dx}=x^4y^{-1}$,$y(0)=3$;　　(4)$2y(x^2+1)y'=x(y^2+1)$,$y(0)=0$.

2.设一曲线上任意一点处的切线垂直于该点与原点的连线,求此曲线方程.

3.不用代公式,求下列微分方程的通解:

(1)$y'+3y=0$;　　(2)$y'+3y=x$.

4.求下列微分方程的通解

(1)$xy'=y\ln y$;　　(2)$5x^2+2x=2y'$;

(3)$y'+y\cos x=e^{-\sin x}$;　　(4)$2y'+\frac{2y}{x}=\frac{\sin x}{x}$.

5.求解下列初值问题:

(1)$y'=e^{x-y}$,$y(0)=0$;　　(2)$y'=2xy+e^{x^2}\cos x$,$y(0)=2$.

6.已知一曲线通过点(0,8),并且它在任意点处切线的斜率等于 $4x^2-y$,求此曲线方程.

7.3　可降阶的微分方程

二阶微分方程的一般形式为：

$$F(x,\quad y,\quad y'')=0.$$

二阶及二阶以上的微分方程统称为**高阶微分方程**，一般说来高阶微分方程比一阶微分方程要复杂，求解也比较困难，本节介绍几个简单的微分方程，经过适当变换可降为一阶微分方程.

7.3.1　$y''=f(x)$型的微分方程

在 n 阶微分方程 $y^{(n)}=f(x)$中，我们可以通过逐次积分，即

$$y^{(n-1)}=\int f(x)\mathrm{d}x+C_1,$$

$$y^{(n-2)}=\int\left[\int f(x)\mathrm{d}x+C_1\right]\mathrm{d}x+C_2,\cdots$$

n 次后就可以求得通解 y.

【例 7-6】　求微分方程 $y'''=\mathrm{e}^{2x}-\cos x$ 的通解.

解　对所给方程接连积分三次，得

$$y''=\frac{1}{2}\mathrm{e}^{2x}-\sin x+C_1,\quad y'=\frac{1}{4}\mathrm{e}^{2x}+\cos x+C_1x+C_2,$$

$$y=\frac{1}{8}\mathrm{e}^{2x}+\sin x+\frac{1}{2}C_1x^2+C_2x+C_3.$$

这就是所给方程的通解.

7.3.2　$y''=f(x,y')$型的微分方程

显然在微分方程 $y''=f(x,y')$中不含有未知函数 y，令 $y'=p$，则 $y''=p'=\frac{\mathrm{d}p}{\mathrm{d}x}$代入原方程得　$p'=\frac{\mathrm{d}p}{\mathrm{d}x}=f(x,p)$.

此方程为关于 x,p 的一阶微分方程，如能求出此方程的通解 $p=\varphi(x,C_1)$，则原方程的通解为

$$y=\int\varphi(x,C_1)\mathrm{d}x+C_2.$$

显然 $y^{(n)}=f(y^{(n-1)})$型方程也适用此种方法.

【例 7-7】　求微分方程 $y''-\frac{1}{x}y'=x\mathrm{e}^x$ 的通解.

解　令 $y'=p$，则 $y''=p'=\frac{\mathrm{d}p}{\mathrm{d}x}$原方程可化为

$$\frac{\mathrm{d}p}{\mathrm{d}x}-\frac{1}{x}p=x\mathrm{e}^x.$$

此方程是关于 p 的一阶线性微分方程

$$\int\frac{1}{x}\mathrm{d}x=\ln x,\int x\mathrm{e}^x\mathrm{e}^{-\ln x}\mathrm{d}x=\int\mathrm{e}^x\mathrm{d}x=\mathrm{e}^x.$$

则由公式(4)得

$$y'=p=x(\mathrm{e}^x+C_1).$$

从而原方程的通解 $y=\int x(e^x+C_1)dx=(x-1)e^x+\frac{1}{2}C_1x^2+C_2$.

【例 7-8】 求微分方程 $x^2y''+xy'=1$ 的通解.

解 令 $y'=p$,则 $y''=p'=\frac{dp}{dx}$,原方程可化为

$$x^2p'+xp=1 \text{ 或 } p'+\frac{1}{x}p=\frac{1}{x^2}.$$

此方程是关于 x、p 的一阶微分方程,解之得

$$y'=p=\frac{1}{x}(\ln|x|+C_1),$$

从而原方程的通解

$$y=\int\frac{1}{x}(\ln|x|+C_1)dx=\frac{1}{2}(\ln|x|)^2+C_1\ln|x|+C_2.$$

7.3.3 $y''=f(y,y')$型的微分方程

在二阶微分方程 $y''=f(y, y')$中,显然不含有自变量 x,若将 y''看作是 y 的函数,令$y'=p(y)$,则 $y''=\frac{dp}{dx}=\frac{dp}{dy}\cdot\frac{dy}{dx}=p\frac{dp}{dy}$,

原方程可化为 $p\frac{dp}{dy}=f(y,p)$.

此方程为关于 y,p 的一阶微分方程,若求得其通解为 $p=\varphi(y, C_1)$,

所以原方程的通解为 $\int\frac{1}{\varphi(y, C_1)}dy=x+C_2$.

【例 7-9】 求微分方程 $y''+y=0$ 的通解.

解 令 $y'=p(y)$,则 $y''=p\frac{dp}{dy}$代入原方程得

$$p\frac{dp}{dy}+y=0 \text{ 或 } pdp+ydy=0.$$

积分后得 $p^2+y^2=C_1^2$,则 $p=\pm\sqrt{C_1^2-y^2}$.

即 $\frac{dy}{dx}=p=\pm\sqrt{C_1^2-y^2}$,

积分后得原方程的通解 $y=C_1\sin(C_2\pm x)$.

习题 7.3

1. 求下列微分方程的通解

(1)$(1-x^2)y''-xy'=2$; (2)$y''=\frac{1}{1+x^2}$;

(3)$y''=y'+x$; (4)$y''=1+(y')^2$.

2. 求下列微分方程满足初始条件的特解

(1)$y''=(y')^{\frac{1}{2}}, y|_{x=0}=0, y'|_{x=0}=1$;

(2)$(1-x^2)y''-xy'=3, y|_{x=0}=0, y'|_{x=0}=0$.

3. 试求 $y''=x$ 的经过点 $P(0, 1)$且在此点与直线 $y=\frac{x}{2}+1$ 相切的积分曲线方程.

7.4　二阶常系数齐次线性微分方程

7.4.1　二阶常系数线性微分方程的定义

线性微分方程是常微分方程中一类很重要的方程，特别是二阶常系数线性微分方程，它不仅在自然科学与工程技术中有着极其广泛的应用，而且理论发展比较完整.

二阶常系数线性微分方程的一般形式是

$$y''+py'+qy=f(x), \tag{1}$$

其中 p,q 是实常数，$f(x)$是 x 的已知函数.

对于方程(1)，当 $f(x)\equiv 0$ 时，即

$$y''+py'+qy=0 \tag{2}$$

称为对应于方程(1)的**二阶常系数线性齐次微分方程**，当 $f(x)\neq 0$ 时，方程(1)称为**二阶常系数线性非齐次微分方程**. 下面我们对这两类方程的解法分别进行讨论.

7.4.2　二阶常系数齐次线性微分方程解的结构

为了解二阶常系数线性齐次微分方程，我们先对其解的性质及解的结构进行讨论.

定理 1　如果 y_1 与 y_2 是方程 $y''+py'+qy=0$ 的两个特解，而且$\frac{y_1}{y_2}$不等于常数，则 $y^*=C_1y_1+C_2y_2$ 是方程 $y''+py'+qy=0$ 的通解，其中 C_1,C_2 是任意常数.

证明　因为 y_1 与 y_2 是方程 $y''+py'+qy=0$ 的两个特解，则

$$y_1''+py_1'+qy_1=0,\ y_2''+py_2'+qy_2=0.$$

又$(y^*)'=C_1y_1'+C_2y_2'$，$(y^*)''=C_1y_1''+C_2y_2''$.

将上述两式代入方程(1)的左端，得：

$$\begin{aligned}&(y^*)''+p(y^*)'+qy^*\\&=C_1y_1''+C_2y_2''+p(C_1y_1'+C_2y_2')+q(C_1y_1+C_2y_2)\\&=C_1(y_1''+py_1''+qy_1)+C_2(y_2''+py_2'+qy_2)=0.\end{aligned}$$

即 y^* 是方程 $y''+py'+qy=0$ 的解. 又因为$\frac{y_1}{y_2}$不等于常数，则任意常数不可能合为一个数，从而 y^* 中含有两个任意常数，y^* 是方程 $y''+py'+qy=0$ 的通解.

如果$\frac{y_1}{y_2}=k$(常数)，则 $y_1=ky_2$，代入 y^* 得：

$$y^*=C_1y_1+C_2y_2=C_1ky_2+C_2y_2=Cy_2.$$

此时 y^* 中只有一个任意常数，它不是方程 $y''+py'+qy=0$ 的通解.

7.4.3　二阶常系数齐次线性微分方程的解法

在定理 1 中，满足条件$\frac{y_1}{y_2}$不等于常数的两个解称为线性无关解，所以对方程(2)求解，即求两个线性无关的特解.

如何求出方程(2)的两个线性无关的特解呢？我们先考察简单的一阶方程

$$y'+ay=0,$$

式中 a 是常数.显然 $y=e^{-ax}$ 是上述方程的一个特解,方程 $y'+ay=0$ 是一阶常系数线性齐次方程,可以猜想对于二阶常系数线性齐次微分方程也有形如 $y=e^{\lambda x}$ 的解,其中 λ 是待定系数.为了确定 λ 的值,先将 $y=e^{\lambda x}$ 看作是(2)的解,将 $y=e^{\lambda x}$ 代入方程中,确定 λ 所必须满足的条件.

将 $y'=\lambda e^{\lambda x}$,$y''=\lambda^2 e^{\lambda x}$ 代入 $y''+py'+qy=0$,得 $e^{\lambda x}(\lambda^2+\lambda p+q)=0$.

因为 $e^{\lambda x}\neq 0$,要使上式成立,显然必有

$$\lambda^2+p\lambda+q=0. \tag{3}$$

方程(3)称为方程(2)的**特征方程**,其根称为方程(2)的**特征根**.方程(3)为二次代数方程,它的根为

$$\lambda_{1,2}=\frac{-p\pm\sqrt{p^2-4q}}{2}.$$

根据 $\sqrt{p^2-4q}$ 的取值,有以下三种情况.

1.有两个相异实根

当 $p^2-4q>0$ 时,$\lambda_{1,2}=\frac{-p\pm\sqrt{p^2-4q}}{2}$ 为两相异实根,此时方程(2)有两个线性无关的解 $y_1=e^{\lambda_1 x}$,$y_2=e^{\lambda_2 x}$,则通解为

$$y^*=C_1e^{\lambda_1 x}+C_2e^{\lambda_2 x} \quad (C_1,C_2\text{ 为任意常数}).$$

2.有两个重根

当 $p^2-4q=0$,$\lambda_1=\lambda_2=-\frac{p}{2}=\lambda$,显然 $y_1=e^{\lambda x}$ 是方程(2)的一个解,要想求出方程(2)的通解,还必须找到与 y_1 线性无关的另外一个特解,即满足 $\frac{y_1}{y_2}$ 不等于常数的解 y_2.

令 $\frac{y_2}{y_1}=u(x)$($u(x)$不是常数),则 $y_2=y_1u(x)=e^{\lambda x}u(x)$.易见,$y_2=xe^{\lambda x}$ 也是方程(2)的解,且 $\frac{y_1}{y_2}=x$ 不等于常数.则 $y_2=xe^{\lambda x}$ 是与 y_1 线性无关的特解,所以方程(2)的通解为

$$y=C_1e^{\lambda x}+C_2xe^{\lambda x} \quad (C_1,C_2\text{ 为任意常数}).$$

3.有一对共轭复根

当 $p^2-4q<0$ 时,特征根为复根,$\lambda_1=\alpha+i\beta$,$\lambda_2=\alpha-i\beta$,容易验证 $y_1=e^{\alpha x}\cos x$,$y_1=e^{\alpha x}\sin x$ 是所以方程方程(2)的解,且 $\frac{y_1}{y_2}=\cot x$ 不等于常数.所以方程方程(2)的通解

$$y^*=e^{\alpha x}(C_1\cos\beta x+C_2\sin\beta x) \qquad (C_1,C_2\text{ 为任意常数}).$$

【例 7-10】 求微分方程 $y''-4y'+3y=0$ 的通解.

解 特征方程为 $\lambda^2-4\lambda+3=0$,

解得特征根 $\lambda_1=3$,$\lambda_2=1$,所以方程的通解为

$$y=C_1e^x+C_2e^{3x} \quad (C_1,C_2\text{ 为任意常数}).$$

【例 7-11】 求微分方程的 $y''-4y'+4y=0$ 通解.

解 特征方程为 $\lambda^2-4\lambda+4=0$,

得二重特征根 $\lambda_1=\lambda_2=2$,所以方程的通解为

$$y=(C_1+C_2x)e^{2x} \qquad (C_1,C_2\text{ 为任意常数}).$$

【例 7-12】 求微分方程的 $y''-4y'+13y=0$ 通解.

解 特征方程为 $\lambda^2-4\lambda+13=0$,
得二重特征根 $\lambda_1=2+3\mathrm{i},\lambda_2=2-3\mathrm{i}$,所以方程的通解为

$$y=(C_1\cos3x+C_2\sin3x)\mathrm{e}^{2x}.$$

习题 7.4

1. 求下列微分方程的通解：

(1) $y''+5y'+6y=0$； (2) $2y''+y'+y=0$；

(3) $y''+6y'+9y=0$； (4) $y''-4y'+4=0$.

2. 求下列初值问题的解：

(1) $y''-y=0,y|_{x=0}=2,y'|_{x=0}=0$；

(2) $y''-4y'+3y=0,y|_{x=0}=6,y'|_{x=0}=10$.

3. 设一弹簧的运动满足微分方程

$$\frac{\mathrm{d}^2s}{\mathrm{d}t^2}-\frac{\mathrm{d}s}{\mathrm{d}t}-2s=0,$$

求此弹簧在任意时刻 t 的位移 $s(t)$.

*7.5　二阶常系数非齐次线性微分方程

7.5.1　二阶常系数非齐次线性微分方程解的结构

为了求二阶常系数线性非齐次微分方程(1)的通解,我们也给出(1)解的结构定理.

定理 2 若 $\tilde{y}$ 是非齐次微分方程(1)的一个特解,而 y^* 是对应于方程齐次微分方程(2)的通解,则 $y=y^*+\tilde{y}$ 是方程(1)的通解.

证明 因为 $\tilde{y}$ 是方程(1)的一个特解,则有

$$(\tilde{y})''+p(\tilde{y})'+q\tilde{y}=f(x),$$

又 y^* 是方程(2)的通解,则有 $(y^*)''+p(y^*)'+qy^*=0$.
于是,对于 $y=y^*+\tilde{y}$ 有

$$\begin{aligned}y''+py'+qy&=(\tilde{y}+y^*)''+p(\tilde{y}+y^*)'+q(\tilde{y}+y^*)\\&=[(\tilde{y})''+p(\tilde{y})'+q\tilde{y}]+[(y^*)''+p(y^*)'+qy^*]\\&=0.\end{aligned}$$

即 $y=y^*+\tilde{y}$ 是方程(1)的解,又 y^* 中含有两个独立的任意常数,则 $y=y^*+\tilde{y}$ 中也含有两个独立任意常数,所以 $y=y^*+\tilde{y}$ 是方程(1)的通解.

7.5.2　二阶常系数非齐次线性微分方程的解法

由定理 2 可知,求方程(1)的通解,就是求方程(2)的通解与方程(1)的一个特解的和.求方程 $y''+py'+qy=0$ 的通解问题前面已经介绍过,因此只需再求出方程(1)的一个特解即可.

对于方程(1)的一个特解,一般没有统一的方法,下面介绍 $f(x)$ 为固定形式的两种二阶常系数线性非齐次微分方程的特解的方法——**待定系数法**.

1. $f(x)=e^{\lambda x}P_m(x)$

式中,λ 是常数,$P_m(x)$是 x 的一个 m 次多项式.

(1)如果 λ 不是(3)的特征根,设特解为 $\tilde{y}=Q_m(x)$,$Q_m(x)$是待定系数的 m 次多项式.

(2)如果 λ 是(3)的单根,设特解为 $\tilde{y}=xQ_m(x)$,$Q_m(x)$是待定系数的 m 次多项式.

(3)如果 λ 是(3)的重根,设特解为 $\tilde{y}=x^2Q_m(x)$,$Q_m(x)$是待定系数的 m 次多项式.

将 $\tilde{y}$ 代入方程(1),比较两边同次项的系数,定出 $Q_m(x)$的系数.即可得到方程(1)的一个特解.

2. $f(x)=e^{\alpha x}[P_l(x)\cos\beta x+P_n(x)\sin\beta x]$

式中 α,β 是数,$P_l(x)$与 $Q_n(x)$是 x 的 l 与 n 次多项式.记 $m=\max\{l,n\}$.

(1)如果 $\alpha+\beta i$ 不是(3)的特征根,设特解为

$$\tilde{y}=e^{\alpha x}[P_m^{(1)}(x)\cos\beta x+P_m^{(2)}(x)\sin\beta x],$$

式中 $P_m^{(1)}$ 与 $P_m^{(2)}$ 均是待定系数的 m 次多项式.

(2)如果 $\alpha+\beta i$ 是(3)的单根,则 $\alpha-\beta i$ 也是(3)的根,设特解为

$$\tilde{y}=xe^{\alpha x}[P_m^{(1)}(x)\cos\beta x+P_m^{(2)}(x)\sin\beta x],$$

式中 $P_m^{(1)}$ 与 $P_m^{(2)}$ 均是待定系数的 m 次多项式.

将 $\tilde{y}$ 代入方程(1),比较两边同次项的系数,定出 $P_m^{(1)}$ 与 $P_m^{(2)}$ 的系数.即可得到方程(1)的一个特解.

【例 7-13】 求方程 $y''-2y'-3y=3x+1$ 的一个特解.

解 $\lambda^2-2\lambda-3=0$,解得特征根 $\lambda=-1,\lambda=3$.

这里 $f(x)=3x+1,\lambda=0$.因此 $\lambda=0$ 不是特征根.所以设特解

$$\tilde{y}=Ax+B,$$

把 $\tilde{y}$ 代入方程,$-3Ax-2A-3B=3x+1$,

比较系数 $-3A=3,-2A-3B=1$,于是 $A=-1,B=\frac{1}{3}$.

方程有特解 $\tilde{y}=-x+\frac{1}{3}$.

【例 7-14】 求方程 $y''-5y'+6y=xe^{2x}$的通解.

解 $\lambda^2-5\lambda+6=0$,有特征根 $\lambda=2$ 与 $\lambda=3$.

所以 $y''-5y'+6y=0$ 的通解为

$$\tilde{y}=C_1e^{2x}+C_2e^{3x}.$$

$\lambda=2$ 是特征根且单根,所以设 $y''-5y'+6y=xe^{2x}$有特解

$$\tilde{y}=xe^{2x}(Ax+B).$$

代入方程,比较系数得 $A=-\frac{1}{2},B=-1$,

$$\tilde{y}=xe^{2x}\left(-\frac{1}{2}x-1\right),$$

于是所求通解为 $y==C_1e^{2x}+C_2e^{3x}-\frac{1}{2}e^{2x}(x^2+2x)$.

习题 7.5

1. 选择题.

(1)求 $y''+4y'=x^2-1$ 的特解时，应令 $y^*=($　　$)$.

A. ax^2+bx+c　　B. $x(ax^2+bx+c)$　　C. ax^2+b　　D. $x(ax^2+b)$

(2)求 $y''+y=\cos x$ 的特解时，应令 $y^*=($　　$)$.

A. $ax\cos x$　　B. $a\cos x$

C. $a\cos x+b\sin x$　　D. $x(a\cos x+b\sin x)$

(3)$y''+y=0$ 有一个解为 $y=($　　$)$.

A. e^x　　B. $\sin 2x$　　C. $\sin x$　　D. e^x+e^{-x}

(4)$y''-y'=2x$ 的特解为(　　).

A. $y=-x-2$　　B. $y=-x^2-2x$

C. $y=x+2$　　D. $y=x^2+2x$

2. 求下列各微分方程的通解

(1)$y''+y'-2y=2e^x$；　　(2)$2y''+5y'=5x^2-2x-1$；

(3)$y''+2y'+y=5e^{-x}$；　　(4)$y''-4y'+4y=e^{-2x}$；

(5)$y''-y=4\sin x$；　　(6)$y''-2y'+5y=\cos 2x$.

3. 求下列各微分方程满足已给初始条件的特解

(1)$y''-3y'+2y=5, y|_{x=0}=1, y'|_{x=0}=2$；

(2)$y''-y=4xe^x, y|_{x=0}=0, y'|_{x=0}=1$.

本章小结

一、基本概念

微分方程就是联系自变量、未知函数以及未知函数的导数(或微分)之间关系的等式. 微分方程中出现的未知函数的导数的最高阶数，称为**微分方程的阶**. 如果方程为关于 y 及 y 的导数的一次有理式，则称方程为**线性微分方程**，不是线性微分方程的称为**非线性微分方程**. 如果一个函数代入微分方程后，方程两端恒等，则称此函数为该**微分方程的解**. 如果微分方程的解中所含相互独立的任意常数的个数等于微分方程的阶数，则解称为**微分方程的通解**. 在通解中给予任意常数确定的值而得到的解称为**特解**. 要给予任意常数确定的值，解必须满足某种附加条件，此附加条件称为**初始条件**. 求微分方程满足初始条件的解的问题称为初值问题. **积分曲线**：微分方程的解的图形是一条曲线，叫作微分方程的积分曲线.

二、微分方程的解法

微分方程类型较多，类型不同，解法也不同，因此识别方程类型是解方程的关键. 现将本章介绍的微分方程的解法归纳如下：

1. 一阶微分方程

(1)已分离变量的微分方程：

$$\frac{dy}{dx}=\frac{f(x)}{g(y)}\left(y'=\frac{f(x)}{g(y)}\right).$$

解　对 $g(y)dy=f(x)dx$ 两边积分，得

$$\int g(y)\mathrm{d}y=\int f(x)\mathrm{d}x+C,$$

式中 C 是任意常数.上式即为原方程的通解表达式.

(2)可分离变量的方程$\frac{\mathrm{d}y}{\mathrm{d}x}=f(x)g(y)$(或 $y'=f(x)g(y)$).

解 先分离变量为

$$\frac{\mathrm{d}y}{g(y)}=f(x)\mathrm{d}x\quad(g(y)\neq 0).$$

再对上式两边积分得

$$\int\frac{\mathrm{d}y}{g(y)}=\int f(x)\mathrm{d}x+C.$$

这样便可得到方程的通解.

(3)齐次方程$\frac{\mathrm{d}y}{\mathrm{d}x}=\varphi\left(\frac{y}{x}\right)$.

解 在齐次方程$\frac{\mathrm{d}y}{\mathrm{d}x}=\varphi(\frac{y}{x})$中,令 $u=\frac{y}{x}$,即 $y=ux$,有

$$u+x\frac{\mathrm{d}u}{\mathrm{d}x}=\varphi(u),$$

分离变量得 $\frac{\mathrm{d}u}{\varphi(u)-u}=\frac{\mathrm{d}x}{x}$,两端积分得 $\int\frac{\mathrm{d}u}{\varphi(u)-u}=\int\frac{\mathrm{d}x}{x}$.

求出积分后,再用$\frac{y}{x}$代替 u,便可得所给齐次方程的通解.

(4)一阶线性齐次方程.法一:公式 $y=C\mathrm{e}^{-\int p(x)\mathrm{d}x}$;法二:分离变量.

(5)一阶线性非齐次方程.

法一:公式 $y=\mathrm{e}^{-\int p(x)\mathrm{d}x}\left[\int q(x)\mathrm{e}^{\int p(x)\mathrm{d}x}\mathrm{d}x+C\right]$;

法二:常数变易法:将一阶线性非齐方程对应的齐次微分方程的通解 $y=C\mathrm{e}^{-\int P(x)\mathrm{d}x}$($C=\pm\mathrm{e}^{C_1}$)中的任意常数$C$,换为待定的函数 $u(x)$,设 $y=u(x)\mathrm{e}^{-\int p(x)\mathrm{d}x}$ 为一阶线性非齐方程的解.代入一阶线性非齐方程得

$$u'(x)\mathrm{e}^{-\int p(x)\mathrm{d}x}-u(x)\mathrm{e}^{-\int p(x)\mathrm{d}x}p(x)+p(x)u(x)\mathrm{e}^{-\int p(x)\mathrm{d}x}=q(x),$$

化简得 $u'(x)=q(x)\mathrm{e}^{\int p(x)\mathrm{d}x}$, $u(x)=\int q(x)\mathrm{e}^{\int p(x)\mathrm{d}x}\mathrm{d}x+C$,

于是一阶线性非齐微分方程的通解为

$$y=\mathrm{e}^{-\int p(x)\mathrm{d}x}\left[\int q(x)\mathrm{e}^{\int p(x)\mathrm{d}x}dx+C\right].$$

2.可降阶的二阶微分方程

(1)$y^{(n)}=f(x)$型:

解 通过逐次积分,即

$$y^{(n-1)}=\int f(x)\mathrm{d}x+C_1$$

$$y^{(n-2)}=\int\left[\int f(x)\mathrm{d}x+C_1\right]\mathrm{d}x+C_2,\cdots.$$

积分 n 次后就可以求得通解 y.

(2)$y''=f(x,y')$型:

解 微分方程 $y''=f(x,y')$中不含有未知函数 y,令 $y'=p$,则 $y''=p'=\frac{\mathrm{d}p}{\mathrm{d}x}$代入原方程得

$$p'=\frac{\mathrm{d}p}{\mathrm{d}x}=f(x,p).$$

此方程为关于 x,p 的一阶微分方程,如能求出此方程的通解 $p=\varphi(x,C_1)$,则原方程的通解为

$$y=\int\varphi(x,C_1)\mathrm{d}x+C_2.$$

显然 $y^{(n)}=f(y^{(n-1)})$型方程也适用此种方法.

(3)$y''=f(y,y')$型:

解 微分方程 $y''=f(y,y')$中,显然不含有自变量 x,若将 y''看作是 y 的函数,

令 $y'=p(y)$,则 $y''=\frac{\mathrm{d}p}{\mathrm{d}x}=\frac{\mathrm{d}p}{\mathrm{d}y}\cdot\frac{\mathrm{d}y}{\mathrm{d}x}=p\frac{\mathrm{d}p}{\mathrm{d}y}$.

原方程可化为, $p\frac{\mathrm{d}p}{\mathrm{d}y}=f(y,p)$.

此方程为关于 y,p 的一阶微分方程,若求得其通解为 $p=\varphi(y,C_1)$,

所以原方程的通解为 $\int\frac{1}{\varphi(y,C_1)}\mathrm{d}y=x+C_2$.

3.二阶常系数线性齐次方程:$y''+py'+qy=0$

求二阶常系数齐次线性微分方程通解的步骤如下:

第一步写出微分方程所对应的特征方程 $r^2+pr+q=0$;

第二步求出特征方程的两个根 r_1,r_2;

第三步根据特征根的不同情况,按表 7-1 写出方程的通解.

表 7-1 二阶常系数线性齐次方程通解结构

特征方程的两个根 r_1,r_2	方程 $y''+py'+qy=0$ 的通解
两个相异实根 $r_1\neq r_2$	$y=C_1\mathrm{e}^{r_1x}+C_2\mathrm{e}^{r_2x}$
两个相等实根 $r_1=r_2=r$	$y=(C_1+xC_2)\mathrm{e}^{rx}$
一对共轭复根 $r_{1,2}=\alpha\pm\mathrm{i}\beta(\beta>0)$	$y=\mathrm{e}^{\alpha x}(C_1\cos\beta x+C_2\sin\beta x)$

*4.二阶常系数线性非齐次方程:$y''+py'+qy=f(x)$.

(1)$f(x)=P_m(x)\mathrm{e}^{\lambda x}$(其中 λ 是常数,$P_m(x)$是 x 的一个 m 次多项式),

方程的形式为 $y''+py'+qy=P_m(x)\mathrm{e}^{\lambda x}$.

因为多项式与指数函数乘积的导数仍然是多项式与指数函数的乘积,所以,从方程(4)的结构可以推断出它应该有多形式与指数函数乘积型的特解,且特解形式如表 7-2 所示(其中 $Q_m(x)$是与 $P_m(x)$同次的待定多项式).

(2)$f(x)=\mathrm{e}^{\lambda x}(a\cos\omega x+b\sin\omega x)$(其中 λ、a、b、ω 是常数),

方程的形式为 $y''+py'+qy=\mathrm{e}^{\lambda x}(a\cos\omega x+b\sin\omega x)$.

因为三角函数与指数函数乘积的导数仍是同一类型,所以方程应有三角函数与指数函数乘积型的特解,且特解形式如表 7-2 所示(其中 a、b 是待定常数).

表 7-2　二阶常系数线性非齐次方程特解结构

$f(x)$的形式	条　　件	特解 y^* 的形式
$f(x)=P_m(x)e^{\lambda x}$	λ 不是特征根	$y^*=Q_m(x)e^{\lambda x}$
	λ 是特征单根	$y^*=xQ_m(x)e^{\lambda x}$
	λ 是特征重根	$y^*=x^2Q_m(x)e^{\lambda x}$
$f(x)=e^{\lambda x}(a\cos\omega x+b\sin\omega x)$	λ 不是特征根	$y^*=Q_m(x)e^{\lambda x}$
	λ 是特征根	$y^*=xQ_m(x)e^{\lambda x}$

总习题 7

1. 单项选择题.

(1)微分方程 $x(y''')^2-3(y'')^3+(y')^4+x^5=0$ 阶数是(　　).

A. 4 阶　　B. 3 阶　　C. 2 阶　　D. 1 阶

(2)微分方程 $x^2\frac{dy}{dx}=x^2+y^2$ 是(　　).

A. 一阶可分离变量方程　　B. 一阶非齐次方程

C. 一阶非齐次线性方程　　D. 一阶齐次线性方程

(3)$xy'=y$ 的通解为(　　).

A. $y=Cx^2$　　B. $y=5x^2$　　C. $y=Cx$　　D. $y=\frac{1}{2}x$

(4)下列方程中,是一阶线性微分方程的是(　　).

A. $x(y')^2-2yy'+x=0$　　B. $xy+2yy'-x=0$

C. $xy'+x^2y=0$　　D. $(7x-6y)dx+(x+y)dy=0$

(5)微分方程 $xy'=\sqrt{xy}-y$ 是(　　).

A. 可分离变量方程　　B. 齐次方程

C. 一阶齐次线性方程　　D. 一阶非齐次线性方程

(6)微分方程 $y'+\sin(xy)(y')^2-y+5x=0$ 是(　　).

A. 一阶微分方程　　B. 二阶微分方程

C. 可分离变量的微分方程　　D. 一阶线性微分方程

(7)下列方程中是可分离变量的微分方程的是(　　).

A. $y'=(\tan x)y+x^2-\cos x$　　B. $xe^{x-y}y'-y\ln y=0$

C. $y^2+x^2\frac{dy}{dx}=xy\frac{dy}{dx}$　　D. $xy'\ln x\sin y+\cos y(1-x\cos y)=0$

(8)微分方程 $y''-2y'+y=0$ 的一个特解是(　　).

A. $y=x^2e^x$　　B. $y=e^x$

C. $y=x^3e^x$　　D. $y=e^{-x}$

(9)在下列微分方程中,通解为 $y=C_1\cos x+C_2\sin x$ 的是(　　).

A. $y''-y'=0$　　B. $y''+y'=0$

C. $y''-y=0$　　D. $y''+y=0$

(10)微分方程 $y''+2y'+5y=0$ 的通解 y 等于(　　).

A. $C_1\cos2x+C_2\sin2x$　　B. $e^x(C_1\cos2x+C_2\sin2x)$

C. $e^{-x}(C_1\cos2x+C_2\sin2x)$　　D. $x(C_1\cos2x+C_2\sin2x)$

(11)设 y_1,y_2 是二阶常系数齐次线性微分方程 $y''+py'+qy=0$ 的两个解,则下列说法不正确的是(　　).

A. y_1+y_2 是此方程的一个解

B. y_1-y_2 是此方程的一个解

C. $C_1y_1+C_2y_2$ 是此方程的通解(C_1,C_2 为任意常数)

D. 若 y_1,y_2 线性无关,则 $C_1y_1+C_2y_2$ 是此方程的通解(C_1,C_2 为任意常数)

(12)二阶线性微分方程 $y''+4y'-3y=5$ 对应的齐次方程的特征方程为(　　).

A. $r^2+4r-3=5$　　B. $r^2+4r-3=0$

C. $r+4r-3=5$　　D. $r^2+4r-3r=0$

(13)已知 $y=2x^2-7$ 是微分方程 $y''+y=2x^2-3$ 的一个特解,则其通解为(　　).

A. $x=C_1\cos x+c_2\sin x+2x^2-7$　　B. $x=C_1e^x+C_2e^{-x}+2x^2-7$

C. $x=C_1+C_2e^{-x}+2x^2-7$　　D. $x=(C_1+C_2x)e^x+2x^2-7$

(14)用待定系数法求微分方程 $y''-y=2xe^x$ 的一个特解时,应设特解的形式为(　　).

A. $y^*=(Ax^2+Bx)e^x$　　B. $y^*=(Ax+B)e^x$

C. $y^*=Axe^x+B$　　D. $y^*=Ax^2e^x$

2. 填空题.

(1)微分方程 $(y')^3+y^{(4)}y''+3y=0$ 的阶数为__________.

(2)微分方程 $y'''=x+1$ 的通解是__________.

(3)微分方程 $\frac{dy}{dx}+y=0$ 的通解是__________.

(4)微分方程 $y''=\sin x$ 的通解是__________.

(5)微分方程 $y''+2y'=0$ 的通解为__________.

(6)求微分方程 $y''+2y'+y=xe^{-x}$ 的特解的形式为__________.

3. 求下列微分方程的通解或给定初始条件下的特解

(1) $xydx+\sqrt{1-x^2}dy=0$;　　(2) $y\ln xdx+x\ln ydy=0$;

(3) $(xy^2+x)dx+(y-x^2y)dy=0$;　　(4) $\frac{dy}{dx}=\frac{y}{x}+\tan\frac{y}{x}$;

(5) $\frac{x}{1+y}dx-\frac{y}{1+x}dy=0, y|_{x=0}=1$;　　(6) $y'\sin x=y\ln y, y|_{x=\frac{\pi}{2}}=e$;

(7) $y'=\frac{x^2+y^2}{xy}, y|_{x=1}=1$;　　(8) $y'=e^{2x-y}, y|_{x=0}=0$.

4. 求下列微分方程的通解或给定初始条件下的特解

(1) $y'-\frac{2}{x+1}y=(x+1)^2$;　　(2) $y'+y=e^{-x}$;

(3) $y'-3xy=2x$;　　(4) $y'-\frac{2y}{x}=x^2\sin3x$;

(5) $x\frac{dy}{dx}-2y=x^3e^x, y|_{x=1}=0$;　　(6) $xy'+y=3, y|_{x=1}=0$;

(7) $y'-y\tan x=\sec x, y|_{x=0}=0$; (8) $(x-2)y'=y+2(x-2)^3, y|_{x=1}=0$.

5. 求下列微分方程的通解

(1) $y''=e^{2x}$; (2) $xy''+y'=0$;

(3) $y'''=y''$; (4) $y''=3\sqrt{y}, y|_{x=0}=1, y'|_{x=0}=2$;

(5) $(1-x^2)y''-xy'=3, y|_{x=0}=0, y'|_{x=0}=0$.

6. 求下列微分方程的通解或给定初始条件下的特解：

(1) $y''-4y'+4y=0$; (2) $y''-4y'+13y=0$;

(3) $y''-5y'=0$; (4) $y''-10y'-11y=0$;

(5) $y''-6y'+9y=0, y|_{x=0}=0, y'|_{x=0}=2$;

(6) $y''+3y'+2y=0, y|_{x=0}=1, y'|_{x=0}=1$;

(7) $y''+25y=0, y|_{x=0}=0, y'|_{x=0}=15$;

(8) $y''+4y'+29y=0, y|_{x=0}=0, y'|_{x=0}=15$.

7. 求下列微分方程的通解或给定初始条件下的特解

(1) $y''-6y'+13y=14$; (2) $y''-2y'-3y=2x+1$;

(3) $y''+y'-2y=2e^x$; (4) $y''-y=4\sin x$;

(5) $y''-4y=4, y|_{x=0}=1, y'|_{x=0}=0$;

(6) $y''-5y'+6y=2e^x, y|_{x=0}=1, y'|_{x=0}=1$;

(7) $y''-3y'+2y=5, y|_{x=0}=1, y'|_{x=0}=2$;

(8) $y''-y=4xe^x, y|_{x=0}=0, y'|_{x=0}=1$.

第1～7章　模拟试卷(一)

考试时间为90分钟

题号	一	二	三	四	总分
得分					

一、填空题(每题3分,共15分)

1. $y=\log_3(1-x)$的定义域是__________.

2. $\lim\limits_{x\to\infty}\dfrac{1}{x}\sin x=$__________.

3. 函数$y=\sqrt{x}$在$(1,1)$处的切线斜率__________.

4. 设函数$f(x)=e^x$,则$f(0)=$__________.

5. $f(x)$在区间(a,b)内有$f'(x)<0$,则$f(x)$在(a,b)内________(单调增加、单调减少).

二、选择题(每题3分,共15分)

1. 下列变量在$x\to 0$时不是无穷小量的(　　).

A. $\sin x$　　B. $\ln(x+1)$　　C. $\tan x$　　D. $e^{\frac{1}{x}}$

2. 微分方程$(y')^2+y^3=xe^x$的阶数是(　　).

A. 0　　B. 1　　C. 2　　D. 3

3. 条件$f'(x)=0$是$f(x)$在$x=x_0$处有极值的(　　).

A. 充分条件　　B. 必要条件　　C. 充要条件　　D. 无关条件

4. 函数$f(x)=\dfrac{|x|}{x}$是(　　).

A. 奇函数　　B. 偶函数

C. 非奇非偶函数　　D. 既是奇函数又是偶函数

5. 若$\int_0^1(2x+k)\mathrm{d}x=2$,则$k=$(　　).

A. 0　　B. -1　　C. 1　　D. $\dfrac{1}{2}$

三、计算题(每题6分)

1. 求下列极限.

(1) $\lim\limits_{x\to\infty}\dfrac{(2x-1)^{30}+(3x-2)^{20}}{(5x+1)^{50}}$;　　(2) $\lim\limits_{x\to 1^+}(1+\ln x)^{\frac{5}{\ln x}}$;

(3) $\lim\limits_{x\to 0}\dfrac{\int_0^x \sin t\,\mathrm{d}t}{x^2}$.

2. 求下列导数.

(1) $y=e^{2x}\sin x+(x+1)^2$;　　(2) $\arctan\dfrac{y}{x}=\ln\sqrt{x^2+y^2}$.

四、综合题(每题 8 分)

设 $f(x)=\begin{cases} \dfrac{1}{x}\sin x, & x<0 \\ k, & x=0 \\ x\sin\dfrac{1}{x}+1, & x>0 \end{cases}$,问 k 为何值时,$f(x)$在其定义域内连续.

2. 求下列不定积分.

(1) $\int\dfrac{\arctan x}{1+x^2}\mathrm{d}x$;　　(2) $\int\ln(1+x^2)\mathrm{d}x$.

3. 求定积分 $\int_{-2}^{2}\dfrac{x+|x|}{1+x^2}\mathrm{d}x$.

4. 求由抛物线 $y=x^2$ 与直线 $y=2x$ 所围成的平面图形的面积.

第 1~7 章　模拟试卷(二)

考试时间为 90 分钟

题号	一	二	三	总分	阅卷人
得分					

一、填空题(每小题 3 分,共 18 分)

1. 设函数 $y=\dfrac{\lg(5-x)}{\sqrt{x-2}}$,其定义域是__________.

2. 由 $y=\sqrt{u}$,$u=2+v^2$,$v=\cos x$ 复合而成的复合函数是__________.

3. 函数 $y=\ln x$ 在$(1,0)$处的切线斜率__________.

4. $\int f(x)\mathrm{d}x=\sin x+c$,则 $f(x)=$__________.

5. $\lim\limits_{n\to\infty}\dfrac{(n+1)(n+2)(n+3)}{5n^3}=$__________.

6. $\int_{2}^{2}x^2\arctan\sqrt{1+x^2}\,\mathrm{d}x=$__________.

二、单选题(每小题 3 分,共 18 分)

1. 设 $f(x)=\mathrm{e}^2$,则 $f(x+2)-f(x-5)=$(　　).

A. e^3　　B. e　　C. 0　　D. $\mathrm{e}^{\frac{x+2}{x-5}}$

2. 设 $f(x)=x^2-\dfrac{1}{2}$,则函数 $f(x)$是(　　)

A. 偶函数　　B. 奇函数　　C. 非奇非偶函数　　D. 不能确定

3 下列函数中,在区间[-1,1]上满足罗尔定理条件的是(　　).

A. $f(x)=\dfrac{1}{x^2}$　　B. $f(x)=x^2$

C. $f(x)=x^3$　　D. $f(x)=x^{\frac{1}{3}}$

4. 若 $f'(x_0)=0$,则 x_0 是函数 $f(x)$的(　　).

A. 驻点　　B. 极大值点　　C. 最大值点　　D. 极小值点

5. 函数 $y=f(x)$在点 $x=x_0$ 处可导是 $f(x)$在点 x_0 处连续的(　　)

A. 必要条件　　B. 充分条件　　C. 充要条件　　D. 无关条件

6. 当 $x\to 0$ 时,下列函数中是无穷小量的有(　　).

A. $\frac{\sin x}{x^2}$　　B. $\frac{\sin^2 x}{x}$　　C. e^x　　D. $\ln|x|$

三、解答题(每小题 8 分,共 64 分,要求有必要的解题过程)

1. 求极限 $\lim\limits_{x\to 1}\frac{x^2-2x+1}{x^3-1}$.

2. 计算极限 $\lim\limits_{x\to\infty}\left(1+\frac{1}{x}\right)^{2x+1}$.

3. 求极限 $\lim\limits_{x\to 0}\frac{\int_0^x \sin t\mathrm{d}t}{\int_0^{2x} t\mathrm{d}t}$.

4. 求方程 $y=1+xe^y$ 所确定的隐函数 y 的导数.

5. 验证方程 $4x=2^x$ 有一根在 $\left(0,\frac{1}{2}\right)$内.

6. $\int (x^2+5)\sin x\mathrm{d}x$.

7. 计算定积分 $\int_{-1}^{1}(x^3+xe^{x^2}+x^2)\mathrm{d}x$.

8. 求由曲线 $y=x^3$, $y=2x$ 所围成的平面图形的面积.

第 1～7 章　模拟试卷(三)

考试时间为 90 分钟

题号	一	二	三	总分	阅卷人
得分					

一、选择题(每小题 3 分,共 30 分)

1. 由 $y=\sqrt{u}$, $u=2+v^2$, $v=\cos x$ 复合而成的复合函数是(　　).

A. $y=\sqrt{2+\cos x}$　　B. $y=\sqrt{2+\cos^2 x}$

C. $y=2+\cos x$　　D. $2+\sqrt{\cos x}$

2. 函数 $y=\ln\left(x+\sqrt{1+x^2}\right)$是(　　).

A. 奇函数　　B. 偶函数

C. 既是奇函数，又是偶函数　　D. 既不是奇函数，又不是偶函数

3. 当 $x\to 0$ 时，$f(x)=\frac{|x|}{x}$ 的极限是（　　）.

A. 1　　B. -1　　C. 1 和 -1　　D. 不存在

4. 下列函数中，在 $x=0$ 处导数为零的函数有（　　）.

A. $\sin^2 x$　　B. $\frac{-\cos x}{x}$　　C. $x+e^x$　　D. $x(1-2x)$

5. 函数 $f(x)$ 在 x_0 处可导是 $f(x)$ 在 x_0 处连续的（　　）.

A. 充分条件　　B. 必要条件　　C. 充要条件　　D. 无关条件

6. 函数 $f(x)=\begin{cases}\frac{\sqrt{x+4}-2}{x}, x\neq 0\\ k, x=0\end{cases}$ 在点 $x=0$ 处连续，则 k 等于（　　）.

A. 0　　B. $\frac{1}{4}$　　C. $\frac{1}{2}$　　D. 2

7. 当 $x\to 0$ 时，下列函数中是无穷小量的有（　　）.

A. $\frac{\sin x}{x^2}$　　B. $\frac{\sin^2 x}{x}$　　C. e^x　　D. $\ln|x|$

8. 下列函数中在 $x=0$ 处可导的是（　　）.

A. $y=|x|$　　B. $y=x^3$　　C. $y=2\sqrt{x}$　　D. $y=\begin{cases}x, x\leqslant 0\\ x^2, x>0\end{cases}$

9. 设 $f(x)=\sin 2x$, $g(x)=x$，则当 $x\to 0$ 时，（　　）.

A. $f(x)$ 与 $g(x)$ 是等价无穷小　　B. $f(x)$ 是比 $g(x)$ 高阶的无穷小

C. $f(x)$ 是比 $g(x)$ 低阶的无穷小　　D. $f(x)$ 与 $g(x)$ 为同阶无穷小，但不等价

10. 设 $f(x)=\sin x\cos x$, $g(x)=-\frac{1}{2}\cos 2x$, $h(x)=\sin^2 x$，则（　　）.

A. $f'(x)=g'(x)$

B. $g'(x)=h'(x)$

C. $f'(x)=h'(x)$

D. $f'(x)+g'(x)=h'(x)$

二、填空题（每小题 4 分，共 20 分）

1. 设 $f(x)=3x+5$，则 $f[f(x)]+2=$__________.

2. $\lim\limits_{x\to 0}\frac{\lg(100+x)}{a^x+\arcsin x}=$__________.

3. 函数 $y=\frac{x^2-1}{x^2-3x+2}$ 的间断点为__________.

4. 设函数 $y=\operatorname{arccot}\sqrt{x}$，则 $dy=$__________.

5. 设函数 $y=\cos(e^{-x})$，则 $y'(0)=$__________.

三、解答题（每小题 10 分，共 50 分，要求有必要的解题过程）

1. 求极限 $\lim\limits_{x\to 0}\frac{\int_0^x \sin t\,dt}{\int_0^x \tan t\,dt}$.

2. 函数 $y=x^n+e^x$，求 $y^{(n)}$.

3. $\int(x^2+2)\cos x\mathrm{d}x$.

4. 计算定积分 $\int_{-1}^{1}(x^3+xe^{x^2}+5)\mathrm{d}x$.

5. 求由曲线 $y=x^3$，$y=2x$ 所围成的平面图形的面积.

习题答案

第1章　习题答案

习题 1.1

1.(1)B　(2)D　(3)A　(4)B　(5)C

2.(1) $(-\infty,-3)\cup(3,+\infty)$ (2) $(0,1]$.

3. $0,-\frac{\pi}{2},\frac{\pi}{3}$,不存在.

4.(1)不相等,定义域不同;(2)相同.

习题 1.2

1.(1)A　(2)B　(3)D　(4)C　(5)C　(6)C

2.3.4.5.略

习题 1.3

1.(1)C　(2)D　(3)A　(4)B

2.(1) $y=\sin u, u=2x$；　(2) $y=u^2, u=\sin x$；　(3) $y=e^u, u=-x^2$；

(4) $y=\frac{1}{u}, u=\ln v, v=\ln x$；　(5) $y=u^{\frac{1}{2}}, u=\cot v, v=\frac{x}{2}$；

(6) $y=2^u, u=\arcsin v, v=w^{\frac{1}{2}}, w=1+x$.

3. $[1,e^2]$.

总习题 1

1.(1)D　(2)C　(3)B　(4)A　(5)D　(6)B　(7)A　(8)C　(9)C

2.(1) $x\neq k, k=0,\pm1,\pm2,\cdots$ (2) $\left(\frac{3}{2},2\right)\cup(2,+\infty)$；(3) $[-1,2)$.

3. $(-\infty,+\infty)$, $[-1,1]$.

4.(1)不相同,对应法则不同;(2)相同.

6. $a=4, b=-1$.

7.(1) $y=\sqrt[3]{u}, u=(1+x^2)+1$；　(2) $y=3^u, u=v^2, v=x+1$；

(3) $y=u^2, u=\sin v, v=3x+1$；　(4) $y=\sqrt[3]{u}, u=\log_a v, v=w^2, w=\cos x$.

8.(1) $y=\sin^3 t$,定义域为 $(-\infty,+\infty)$；　(2) $y=a^{x^2}$,定义域为 $(-\infty,+\infty)$；

(3) $y=\log_a(3x^2+2)$，定义域为 $(-\infty,+\infty)$； (4)不能；

(5) $y=x^{\frac{3}{2}}$，定义域为 $[0,+\infty]$；

(6) $y=\log_a(x^2-2)$，定义域为 $(-\infty,-\sqrt{2})\cup(\sqrt{2},+\infty)$．

9.(1)偶函数； (2)既非奇函数，又非偶函数； (3)偶函数；
(4)奇函数； (5)既非奇函数，又非偶函数； (6)偶函数；
(7)奇函数； (8)奇函数； (9)奇函数.

10. $f[f(x)]=\dfrac{x}{1-2x}$.

11. $f(x)=x^2-2$.

14.(1) 2π；(2) $\dfrac{\pi}{2}$；(3)2；(4)非周期函数；(5)π.

16. $S=-13\,000+4\,000p$.

17. $p_0=4$.

18. $C(200)=2\,000+\dfrac{200^2}{8}=7\,000$；$\overline{C}(200)=\dfrac{2\,000+\dfrac{200^2}{8}}{200}=35$.

第2章 习题答案

习题 2.1

1.(1)A (2)A (3)D

2.(2)25;(3)0.

习题 2.2

1.(1)B (2)D (3)D

2.(1)0;(2)0;(3)2;(4)0.

3.0.

习题 2.3

1.(1)D (2)D (3)A (4)A

2.(1)3;(2)0;(3)−1;(4) $\dfrac{3}{2}$；(5)0;(6)0;(7)2;(8) $\dfrac{2}{3}$；(9) $\dfrac{1}{2}$；(10) $\dfrac{1}{4}$.

习题 2.4

1.(1)C (2)C (3)A (4)B (5)A

2.(1) $\dfrac{a}{b}$；(2) $\dfrac{5}{2}$；(3)0;(4)0.

3.(1) e^5；(2) e^{-3}；(3) e^{-1}；(4)为 e.

4. $a=3$，$\lim\limits_{x\to 0}f(x)=3$.

习题 2.5

1.(1)C (2)A (3)C (4)B (5)D (6)A

2. (1)既非无穷小量,也非无穷大量;(2)无穷大量;

(3)既非无穷大量,也非无穷小量;(4)无穷小量.

3. x^2 与 $2x^2$ 同阶无穷小.

x^2 比 x^2+x 高阶无穷小.

$2x^2$ 比 x^2+x 高阶无穷小.

4. 0.因为 $x\to 0$ 时,x^2 是无穷小量.$\cos\dfrac{1}{x}$是有界函数,所以极限为 0.

习题 2.6

1.(1)A (2)B (3)D (4)C

3.连续.

4.不连续.

6. $(-\infty,1)\cup(1,+\infty)$.

7. $(-1,1)\cup(1,4)$.

8.(1) $x=1$,无穷间断点;(2) $x=0$ 跳跃间断点.

9.(1)2;(2) $\dfrac{\pi}{4}$;(3)0;(4)-1;(5) $\dfrac{\pi}{4}$;(6)2.

总习题 2

1.(1)A (2)B (3)A (4)B (5)D

2.(1)否; (2)否; (3)否; (4)否.

3.(1)略; (2) $f(1-0)=1, f(1+0)=2$; (3)否.

4.(1)-9;(2)0;(3)0;(4) $\dfrac{1}{2}$;(5) $2x$;(6)2;(7) $\dfrac{1}{2}$;

(8)0;(9) $\dfrac{2}{3}$;(10)2;(11)2;(12) $\dfrac{1}{2}$;(13) $\dfrac{1}{5}$;(14)-1;(15)0.

5.(1) $\dfrac{a}{b}$;(2) $\dfrac{1}{2}$;(3) $\dfrac{1}{2}$;(4)1;(5)1;(6) x.

6.(1) e^2;(2) $\dfrac{1}{\mathrm{e}}$;(3)e;(4)e;(5)e^{2a};(6)e;(7)1.

7.(1) $\dfrac{2}{3}$;(2)2;(3) $0(m<n)$, $1(m=n)$, $\infty(m>n)$;(4) $\sqrt{2}$.

9.(1) $f(x)$ 在 $(-\infty,0)\cup(0,+\infty)$ 上连续,$x=0$ 为可去间断点;

(2) $f(x)$ 在 $[0,2]$ 上连续;

(3) $f(x)$ $(-\infty,-1)\cup(-1,+\infty)$ 上连续 $x=-1$ 为第一类间断点;

(4) $f(x)$ 在 $(-\infty,0)\cup(0,+\infty)$ 上连续,$x=0$ 为第一类间断点.

10. $a=\mathrm{e}-1$.

11.(1) $\sqrt{5}$;(2)1;(3)2;(4) $\cos\alpha$;(5)3;(7)1;(8) $\frac{1}{2}$;(9) $-\infty$;(10)1;(11) $\frac{1}{a}$.

第3章 习题答案

习题 3.1

1.D 2.D 3.A

4.用定义证明(略).

5.在 $x=0$ 点左右导数不相等,所以函数在点 $x=0$ 处不可导.

6.切线和法线方程为:$y-ex=0, x+ey=e^2+1$. 7. $a=2, b=-1$.

习题 3.2

1.A 2.C 3.B 4.D 5.C 6.C

7.(1) $\frac{1}{2}x^{-\frac{1}{2}}+\cos x$; (2) $\frac{1}{2}x^{-\frac{1}{2}}\sin x+\sqrt{x}\cos x$; (3) $5\frac{1}{x\ln 2}-8x^3$;

(4) $\sec x\tan x+2^x\ln 2+3x^2$; (5) $8x(2x^2-3)$; (6) $3\sec x^2(3x+2)$;

(7) $\sin^2\frac{x}{3}\cos\frac{x}{3}$; (8) $2x\cot x(\cot x-x\csc^2 x)$; (9) $\frac{1}{\sqrt{1+x^2}}$; (10) $\frac{2a^3}{x^4-a^4}$;

(11) $\frac{3\tan^2\ln x}{x\cos^2\ln x}$; (12) $\frac{1}{x\ln x\ln(\ln x)}$; (13) $e^{\sqrt{1-\sin x}}\cdot\frac{-\cos x}{2\sqrt{1-\sin x}}$;

(14) $y'=1-\frac{1}{x^2}$; (15) $y'=\ln x+1$; (16) $y'=\frac{3}{4\sqrt[4]{x}}$.

8. $\frac{-y^2}{xy+1}$ 9.(1) $-\frac{6x+y}{x-5}$;(2) $-\frac{e^{x+y}-y}{e^{x+y}-x}$. 10. $a_0 n!$

11.(1) $x\sqrt{\frac{1-x}{1+x}}\left(\frac{1}{x}-\frac{1}{1-x^2}\right)$ (2) $(\cos x)^x(\ln\cos x-x\tan x)$.

习题 3.3

1.B 2.D

3.0.002.

4.(1) $(2x+3\sec^2 x+e^x)dx$;(2) $(e^x\cos x-e^x\sin x)dx$;

(3) $\frac{\cos x+\cos x\cdot x^2-2x\sin x}{(1+x^2)^2}$;(4) $\frac{1}{\sqrt{1-4x^2}}$;(5) $-2\ln(1-x)\frac{1}{1-x}$;

(6) $2xe^{2x\sin x}(1+x\sin x+x^2\cos x)$.

5.(1) $dy=-\frac{b^2x}{a^2y}dx$;(2) $dy=-\frac{y\sin(xy)+2xy^2}{x\sin(xy)+2x^2y}dx$.

6.解:方程两边对 x 求导,得 $[\cos(x+y)]'+(e^y)'=(x)'$, $-\sin(x+y)[1+y']+e^y y'=1$,

$$[e^y-\sin(x+y)]y'=1+\sin(x+y), \qquad y'=\frac{1+\sin(x+y)}{e^y-\sin(x+y)},$$

故

$$dy=\frac{1+\sin(x+y)}{e^y-\sin(x+y)}dx.$$

7.(1)0.795 4　(2)2.005 2　(3)0.500 05　(4)0.01

8. $\pi R_0 h$

9. 6.99g

总习题 3

1.(1)C;(2)C;(3)B;(4)D;(5)C;(6)C;(7)D;(8)D;(9)C;(10)C;(11)B

2. (1) $-f'(x_0)$;$2f'(x_0)$;(2) $f'(0)$;(3) 0;(4) -2;(5) $(1+e)x-y-1=0$

(6)1;(7) $e^{\cos x}(\sin^2 x-\cos x)$;(8) $\dfrac{y-2x}{2y-x}$;(9)0;(10) $\dfrac{2}{3}x^3+C$;

(11) $\left(a^x\ln a-\dfrac{1}{1+x^2}\right)$;(12) $\dfrac{2}{\sqrt{x}}+C$;(13) $e^{\sqrt{\sin 2x}}\cdot\dfrac{1}{2\sqrt{\sin 2x}}$;(14) $\dfrac{1}{2}+e$;

(15) $\left(e^x\ln x+e^x\cdot\dfrac{1}{x}\right)dx$;(16) $\left(3x^2+\dfrac{1}{1+x}\right)dx$.

3.(1) $6x-2\sin 2x$;(2) $-2e^{-2x}$;(3) $8(2x+3)^3$;(4) $-\dfrac{1}{\sqrt{x}(x+2\sqrt{x}+1)}$;

(5) $2x\cos-x^2\sin x+\dfrac{5}{2}x\sqrt{x}$;(6) $\dfrac{1}{3\sqrt[3]{x^2}}\sin x+\sqrt[3]{x}\cos x+a^x e^x(\ln^a+1)$;

(7) $3x^2-12x+11$;(8) $\log_2^x+\dfrac{1}{\ln^2}$;(9) $\dfrac{1}{x^2}\sin\dfrac{1}{x}$;(10) $-\dfrac{1+x}{x+x^2\ln\dfrac{1}{x}}$;

(11) $\dfrac{\cot x}{1+x^2}-\dfrac{\arctan x}{\sin^2 x}$;(12) $-\cot(1-x)$;(13) $-3\cos^2 x\cdot\sin x$;

(14) $20(x^2-2x+5)^8(19x^2-38x+23)$

4. $-a\phi(a)$

5.(1) $a=2$;$b=-1$;(2) $f'(x)=\begin{cases}2x & x\leqslant 1\\ 2 & x>1\end{cases}$

6. 切线:$4x-y-6=0$　法线 $x+4y+7=0$

7. $6x-\dfrac{1}{\sin^2 x}$

8. 2

9. $x+y-1$

10. $\dfrac{x\ln^x}{(x^2-1)\sqrt{x^2-1}}dx$

第 4 章　习题答案

习题 4.1

1.D　2.B　3.B　4.D　5.B　6.B

7.(验证略)　8.(验证略)　9.(验证略)

10. 证：设 $f(x)=e^x-xe$．因为 $f'(x)=e^x-e$，当 $x>1$ 时，有 $f'(x)>0$，即 $f(x)$ 单调增加，由 $f(x)>f(1)=0$，即有 $e^x-xe>0$，所以，当 $x>1$ 时，有 $e^x>xe$．

11. 证：设 $F(x)=x-\ln(1+x)$，因为 $F'(x)=1-\frac{1}{1+x}$，当 $x>0$ 时，$F'(x)>0$，即 $F(x)$ 单调增加. 所以当 $x>0$ 时，有 $x-\ln(1+x)=F(x)>F(0)=0$，即 $x>\ln(1+x)$．

12. 证：设 $f(x)=\ln(1+x)-(x-\frac{1}{2}x^2)$，因为 $f(x)$ 在 $[0,+\infty)$ 连续，在 $(0,+\infty)$ 可导，且 $f'(x)=\frac{1}{1+x}-1+x=\frac{x^2}{1+x}$．当 $x>0$ 时，$f'(x)=\frac{x^2}{1+x}>0$．所以，当 $x>0$ 时，$f(x)$ 是单调增加的，且由 $f(0)=0$ 可知，当 $x>0$ 时，$f(x)>0$，故 $\ln(1+x)>x-\frac{1}{2}x^2$．

习题 4.2

1. (1) $\frac{3}{4}$；(2) $\cos a$；(3)6；(4)0；(5)1；(6)1.

2. (1)0；(2) $-\frac{1}{2}$；(3)1；(4)1；(5)1.

习题 4.3

1. A　2. B　3. B　4. B　5. D　6. D　7. A　8. B

9. (1) $(-1,0)$ 递减，$(0,+\infty)$ 递增；
(2) 递减区间 $(-\infty,-1)\cup(-1,0)$，递增区间 $(0,+\infty)$；
(3) 递增区间 $(-\infty,0)\cup(0,+\infty)$；
(4) 递减区间 $(-\infty,-\frac{5}{2}]\cup(\frac{1}{5},2]$，递增区间 $(-\frac{5}{2},\frac{1}{5}]\cup(2,+\infty]$.

10. (1)无极值；(2)无极值；(3)当 $x=-2$ 时取极大值 -4. 当 $x=0$ 时取极小值 0；
(4)当 $x=\frac{1}{4}$ 时取极小值 $-\frac{1}{16}\sqrt[3]{16}$.

11. (1) $y_{\max}=3\ln^2$　$y_{\min}=\ln^3$；(2) $y_{\max}=f(2)=3$　$y_{\min}=f(1)=f(0)=-1$.

12. 当 $r=\sqrt[3]{\frac{V}{2\pi}}$ 和 $h=\sqrt[3]{\frac{4V}{\pi}}$ 时，表面积最小.

13. 当小正方形的边长为 $\frac{a}{6}$ 时，盒子的容积最大.

习题 4.4

1. D

2. $C'(q)=\frac{3}{2\sqrt{q}}$，$R'(q)=-\frac{1}{(q-1)^2}$，$L'(q)=-\frac{1}{(q-1)^2}-\frac{3}{2\sqrt{q}}$

3. $q=20$，$\overline{C}(20)=46$

4. $P=25$，$P=35$

5. $q=10$，$q=10$，$q=10$

6. $q=300$，$L(300)=43\ 500$

总习题 4

一、选择题

(1)C (2)A (3)C (4)C (5)D (6)B (7)D (8)D

二、填空题

(1)1. (2) $f(x)$ 在 $(-1,1)$ 内不可导. (3) $\dfrac{e^b-e^a}{b^2-a^2}=\dfrac{e^\xi}{2\xi}$.

(4) $[1,+\infty]$ 和 $(-\infty,0)\cup(0,1]$. (5) 0,小,$\dfrac{2}{5}$,大. 6. $\dfrac{22}{3}$,$-\dfrac{5}{3}$. 7. $\dfrac{3}{5}$,-1.

三、(略)

四、(1) $\xi=1$;(2) $\xi=\sqrt{\dfrac{4-\pi}{\pi}}$;(3) $\xi=\dfrac{1}{\ln 2}$.

五、(1) $\dfrac{3}{2}$;(2) $\dfrac{3}{5}$;(3)1;(4) $\dfrac{1}{2}$;(5)1;(6)1;(7) -1;(8) $-\dfrac{1}{3}$;(9) $\cos a$;(10) 0.

六、(1)在 $(-\infty,-1]$,$[3,+\infty)$内单调增加,在 $[-1,3]$ 内单调减少;

(2)在 $\left(\dfrac{1}{2},+\infty\right)$ 内单调增加,在 $\left(0,\dfrac{1}{2}\right)$ 内单调减少;

(3).在 $(0,2]$ 和 $[-2,0)$ 内单调减少,在 $[2,+\infty)$ 和 $(-\infty,-2]$ 内单调增加;

(4)在 $\left(\dfrac{\pi}{3},\dfrac{5}{3}\pi\right)$ 内单调增加,在 $\left(0,\dfrac{\pi}{3}\right)\cup\left(\dfrac{5}{3}\pi,2\pi\right)$ 内单调减少.

七、(1)极大值 $y(\pm 1)=1$,极小值 $y(0)=0$;

(2)极大值 $f(-1)=0$;

(3)极大值 $y(0)=2$,极小值 $y(\pm 2)=-14$;

(4)极大值 $y\left(\dfrac{\pi}{4}\right)=\dfrac{\pi}{3}-\sqrt{3}$,极小值 $y\left(\dfrac{5}{4}\pi\right)=-\dfrac{\sqrt{2}}{2}e^{\frac{5}{4}\pi}$.

八、(1)最大值 $y(\pm 2)=13$,最小值 $y(\pm 1)=4$;

(2)最大值 $y\left(-\dfrac{1}{2}\right)=y(1)=\dfrac{1}{2}$,最小值 $y(0)=0$;

(3)最大值 $y\left(\dfrac{3}{4}\right)=1.25$,最小值 $y(-5)=-5+\sqrt{6}$.

九、$r=\sqrt[3]{\dfrac{V}{2\pi}}$,$h=2\sqrt[3]{\dfrac{V}{2\pi}}$,$d:h=1:1$.

十、解 因为 收入函数 $R(q)=pq=50q$,

利润函数 $L(q)=R(q)-C(q)=50q-\left(250+20q+\dfrac{q^2}{10}\right)=30q-250-\dfrac{q^2}{10}$,

且 $$L'(q)=\left(30q-250-\frac{q^2}{10}\right)'=30-0.2q,$$

令 $L'(q)=0$,即 $30-0.2q=0$,得 $q=150$,

它是利润函数 $L(q)$ 在其定义域内的唯一驻点.所以 $q=150$ 是利润函数 $L(q)$ 的最大值点.即若产品以每件 50 万元售出,要使利润最大,应生产 150 件产品.

十一、解 (1)因为总成本、平均成本和边际成本分别为

$$C(x)=100+0.25x^2+6x\ ,\ \overline{C}(x)=\frac{100}{x}+0.25x+6\ ,\ C'(x)=0.5x+6\ ,$$

所以，$C(10)=100+0.25\times10^2+6\times10=185$ ，

$$\overline{C}(10)=\frac{100}{10}+0.25\times10+6=18.5\ ,$$

$$C'(10)=0.5\times10+6=11\ .$$

(2)令 $\overline{C}'(x)=-\dfrac{100}{x^2}+0.25=0$ ，得 $x=20$（$x=-20$ 舍去）.

因为 $x=20$ 是其在定义域内唯一驻点，且该问题确实存在最小值，所以当 $x=20$ 时，平均成本最小.

十二、解　(1)总成本函数和总收入函数分别为

$$C(p)=200+5q=200+5(100-2p)=700-10p\ ,$$

$$R(p)=pq=p(100-2p)=100p-2p^2\ .$$

(2)利润函数 $L(p)=R(p)-C(p)=110p-2p^2-700$ ，且令 $L'(p)=110-4p=0$ ，得 $p=27.5$ ，该问题确实存在最大值. 又 $q=100-2p$ ，当 $p=27.5$ 时，$q=45$. 所以，当产量 $q=45$ 单位时，利润最大.

最大利润 $L(27.5)=110\times27.5-2\times27.5^2-700=812.5$（百元）.

十三、解　(1)成本函数 $C(q)=60q+2\ 000$.

因为　$q=1000-10p$ ，即 $p=100-\dfrac{1}{10}q$ ，

所以收入函数 $R(q)=p\times q=\left(100-\dfrac{1}{10}q\right)q=100q-\dfrac{1}{10}q^2$.

(2)因为利润函数 $L(q)=R(q)-C(q)=100q-\dfrac{1}{10}q^2-(60q+2\ 000)$

$$=40q-\frac{1}{10}q^2-2\ 000,$$

且

$$L'(q)=\left(40q-\frac{1}{10}q^2-2\ 000\right)'=40-0.2q\ ,$$

令 $L'(q)=0$，即 $40-0.2q=0$，得 $q=200$，它是 $L(q)$ 在其定义域内的唯一驻点.
所以 $q=200$ 是利润函数 $L(q)$ 的最大值点，即当产量为 200 吨时利润最大.

第5章　习题答案

习题 5.1

1. (1)B　(2)D

3. (1) $\dfrac{2}{5}x^{\frac{5}{2}}+C$ ；(2) $e^{t+2}+C$ ；(3) $-\dfrac{1}{x}+\ln|x|+C$ ；(4) $\dfrac{2}{3}x^{\frac{3}{2}}+C$ ；

(5) $\arctan x+x+C$ ；(6) $x-2\ln|x|-\dfrac{1}{x}+C$ ；(7) $-2\cos x+C$ ；

(8) e^x-x+C ；(9) $\arcsin\theta-\theta+C$ ；(10) $\tan x-x+C$.

4. $C(Q)=7Q+50\sqrt{Q}+1\ 000,\overline{C}(Q)=7+\frac{50}{\sqrt{Q}}+\frac{1\ 000}{Q}$.

习题 5.2

1. (1) $\frac{1}{4}\ln|4x-3|+C$；(2) $\frac{1}{5}\sin5x+C$；(3) $\frac{1}{3}(3x+1)^{\frac{3}{2}}+C$；(4) $\frac{1}{2}e^{2x+1}+C$.

2. (1) $-\frac{1}{2}\ln|1-x^2|+C$；(2) $-\frac{1}{2(1-2x)}+C$；

(3) $\frac{(1+\ln x)^2}{2}+C$；(4) $-\frac{1}{2\sin^2 x}+C$；

(5) $\arctan e^x+C$；(6) $-\frac{1}{3}(1-x^2)^{\frac{3}{2}}+C$.

3. (1) $\frac{3}{2}x^{\frac{2}{3}}-3x^{\frac{1}{3}}+3\ln|x^{\frac{1}{3}}+1|+C$；(2) $\sqrt{2x}-\ln|\sqrt{2x}+1|+C$；

(3) $\frac{(3x+1)^{\frac{5}{3}}}{15}-\frac{(3x+1)^{\frac{2}{3}}}{6}+C$；(4) $\frac{\sqrt{1-x^2}}{2}+\frac{1}{2}\arcsin x+C$.

习题 5.3

1. (1) $-\frac{1}{3}e^{-3x}-\frac{1}{9}e^{-3x}+C$；(2) $-\frac{1}{4}\cos4x+\frac{1}{16}\sin4x+C$；(3) $-\frac{1}{x}\ln x-\frac{1}{x}+C$；

(4) $x\arcsin x+\sqrt{1-x^2}+C$；(5) $x\,\mathrm{arccot}\,x-\frac{1}{2}\ln|1+x^2|+C$；

(6) $-x\cot x+\ln|\sin x|+C$.

2. (1) $\frac{1}{2}e^x(\cos x+\sin x)+C$；(2) $-\frac{\arctan e^x}{e^x}+x-\frac{1}{2}\ln(1+e^{2x})+C$.

总习题 5

1. (1)A；(2)A；(3)C；(4)C；(5)C；(6)D；(7)A；(8)B；(9)C；(10)A；(11)B.

2. (1) $-\frac{2}{3}x^{-\frac{3}{2}}+C$；(2) $e^x+\frac{1}{x}+C$；(3) $\frac{1}{5}e^{5t}+C$；(4) $\frac{1}{\arcsin x}+C$；

(5) $\frac{\sqrt{2}}{2}\ln|1+\sqrt{2}x|+C$；(6) $\frac{1}{6}\arctan\frac{x^3}{2}+C$；(7) $-\frac{1}{x}+\frac{\sqrt{1-x^2}}{x}+\arcsin x+C$；

(8) $\frac{x}{2}+\frac{\sin x}{2}+C$；(9) $-\frac{x^2}{2}+x\tan x+\ln|\cos x|+C$；(10) $\frac{x}{3}\sin3x+\frac{1}{9}\cos3x+C$；

(11) $-(x+1)e^x+C$；(12) $x\ln x-x+C$；(13) $2(\sqrt{x}-1)e^{\sqrt{x}+1}+C$；

(14) $\sqrt{x}\ln x-2\sqrt{x}+C$.

第 6 章　习题答案

习题　6.1

1. C　2. B　3. (1)正；(2)正；(3)负；(4)正.　4. (1)4；(2)π.　5. (1)$<$；(2)$>$.

6.略

7.(1) $-\frac{3}{4} \leqslant \int_1^4 (x^2-3x+2)\mathrm{d}x \leqslant 18$;(2) $\frac{\sqrt{2}\pi}{8} \leqslant \int_0^{\frac{\pi}{4}} \cos x \mathrm{d}x \leqslant \frac{\pi}{4}$.

习题 6.2

1.D 2.D 3.(1)不正确,因为 $x=0$ 为间断点;(2)正确.

4.(1) $2-\mathrm{e}$;(2) $\frac{1}{3}$;(3) $\frac{3}{2}-\ln 2$;(4) $\frac{17}{6}$;(5) $1-\frac{\pi}{4}$;(6)0.

5. $\frac{10}{3}$.

习题 6.3

1.(1) $\frac{\mathrm{e}^2+1}{4}$;(2) $\frac{\mathrm{e}^2+1}{4}$;(3) $\frac{\pi}{2}-1$;(4) $8\ln 2-4$.

2.(1)0;(2) $\frac{2\sqrt{2}-1}{3}$;(3) $2-\ln 3$;(4) $2-\frac{\pi}{2}$.

3.证 $\int_{-a}^{a} f(x)\mathrm{d}x = \int_{-a}^{0} f(x)\mathrm{d}x + \int_0^a f(x)\mathrm{d}x$ (∗)

在(∗)式第一项中令 $x=-t$,则 $\mathrm{d}x=-\mathrm{d}t$.当 $x=-a$ 时, $t=a$;当 $x=0$ 时, $t=0$.

(1)当 $f(x)$ 为奇函数时, $f(-x)=-f(x)$.所以有

$$\int_{-a}^{0} f(x)\mathrm{d}x = \int_a^0 f(-t)(-\mathrm{d}t) = \int_0^a f(-t)\mathrm{d}t = -\int_0^a f(t)\mathrm{d}t = -\int_0^a f(x)\mathrm{d}x$$

代入(∗)式,有 $\int_{-a}^{a} f(x)\mathrm{d}x = 0$.

(2)当 $f(x)$ 为偶函数时, $f(-x)=f(x)$.所以有

$$\int_{-a}^{0} f(x)\mathrm{d}x = \int_a^0 f(-t)(-\mathrm{d}t) = \int_0^a f(-t)\mathrm{d}t = \int_0^a f(t)\mathrm{d}t = \int_0^a f(x)\mathrm{d}x ,$$

代入(∗)式,有 $\int_{-a}^{a} f(x)\mathrm{d}x = 2\int_0^a f(x)\mathrm{d}x$.

4. $\frac{2-\sin 2}{2}$.

习题 6.4

1.(1) $\mathrm{e}-1$;(2) $\frac{32}{3}$;(3)5;(4) $\frac{8}{3}$.

2. $w=0.225\mathrm{J}$

3. $w=2.954\times 10^4\mathrm{J}$

4. $F\approx 2.1\times 10^5\mathrm{N}$

5. $C(q)=\frac{1}{3}q^3-2q^2+4q+6$, $R(q)=-q^2+15q$

6.(1) $C(Q)=0.2Q^2+2Q+20$;(2) $L(Q)=-0.2Q^2+16Q-20$;(3)40.

7.(1)250 台;(2)0.25 万元.

习题 6.5

1. B　2. C　3. B　4. C

5. (1)1;(2)发散;(3) $\frac{1}{2}$;(4) -1 ;(5) $\frac{\pi}{2}$;(6) $\frac{\pi}{2}$;(7)发散;(8)发散.

总习题 6

一、选择题

(1)D　(2)C　(3)D　(4)A　(5)A　(6)B　(7)A　(8)D　(9)A　(10)D

(11)B　(12)C　(13)A　(14)B　(15)A　(16)B　(17)D　(18)B　(19)A　(20)C

(21)B　(22)A　(23)D　(24)C　(25)C　(26)C　(27)D　(28)A　(29)A　(30)C

(31)B　(32)A　(33)C　(34)C　(35)C　(36)D　(37)C　(38)A　(39)C　(40)B

二、填空题

(1) $\frac{\pi}{4}$;(2) $\frac{4}{3}$;(3) $+\infty$;(4) $2\sqrt{2}e^{-4}$;(5) $\frac{\pi}{4}$;(6) $\frac{4}{3}$,1;(7)0;(8)负号;

(9)2;(10) $\frac{5}{2}$;(11)2;(12)0;(13) $2a$;(14)2;(15) $b-a-m$.

三、(1) $\frac{\pi}{4}$;　(2) $\frac{\pi}{2}$;　(3) $\frac{(e-1)^5}{5}$;　(4)1;　(5)4;　(6) $\frac{1}{3}$;　(7) $4\sin 1-4\cos 1$;

(8) $(\pi-1)e^{\pi}+(\pi+1)e^{-\pi}$;　(9)0;　(10) $\frac{\pi}{4}$.

四、$\frac{3}{2}-\ln 2$

五、$V_x=\frac{16}{15}\pi$, $V_y=\frac{\pi}{2}$

六、(1)19 万元;(2)3.2 百台.

第 7 章　习题答案

习题 7.1

1. (1)一阶;　(2)二阶;　(3)一阶;　(4)一阶.

2. 特解为 $y=2e^{2x}-2e^{x}$.

3. (1) $y=\frac{4}{3}x^3$;　　　　(2) $y=\frac{1}{10}x^6+c_1x+c_2$.

4. $y=2\ln x+3$

习题 7.2

1. (1) $e^{y}-\frac{1}{3}e^{3x}-c=0$;　(2) $y=ce^{-\frac{1}{2}x^2}$;

(3) $\frac{1}{2}y^2-\frac{1}{5}x^5=\frac{9}{2}$； (4) $y^2=\sqrt{1+x^2}-1$.

2. $x^2+y^2=c$.

3. (1) $y=ce^{-3x}$； (2) $y=ce^{-3x}+\frac{1}{3}x-\frac{1}{9}$.

4. (1) $\ln y=cx$； (2) $y=\frac{5}{6}x^3+\frac{1}{2}x^2+c$；

(3) $y=e^{-\sin x}(x+c)$； (4) $y=\frac{1}{x}\left(-\frac{1}{2}\cos x+c\right)$.

5. (1) $y=x$； (2) $y=e^{x^2}(\sin x+2)$.

6. $y=4x^2-8x+8$.

习题 7.3

1. (1) $y=(\arcsin x)^2+c_1\arcsin x+c_2$；

(2) $y=x\arctan x-\frac{1}{2}\ln(1+x^2)+c_1x+c_2$；

(3) $y=-\frac{1}{2}x^2-x+c_1e^x+c_2$； (4) $y=-\ln\cos(x+c_1)+c_2$.

2. (1) $y=\frac{1}{12}(x+2)^3-\frac{2}{3}$； (2) $y=\frac{3}{2}(\arcsin x)^2$.

3. $y=\frac{1}{6}x^3+\frac{1}{2}x+1$.

习题 7.4

1. (1) $y=c_1e^{-2x}+c_2e^{-3x}$； (2) $y=e^{-\frac{1}{4}x}\left(c_1\cos\frac{\sqrt{7}}{4}x+c_2\sin\frac{\sqrt{7}}{4}x\right)$；

(3) $y=e^{-3x}(c_1+c_2x)$； (4) $y=e^{2x}(c_1+c_2x)$.

2. (1) $y=e^{-x}+e^x$； (2) $y=4e^x+2e^{3x}$.

3. $s=c_1e^{2t}+c_2e^{-t}$.

习题 7.5

1. (1)B；(2)D；(3)C；(4)B.

2. (1) $y=c_1e^x+c_2e^{-2x}+\frac{2}{3}xe^x$；(2) $y=c_1+c_2e^{-\frac{5}{2}x}+\frac{1}{3}x^3-\frac{3}{5}x^2+\frac{7}{25}x$；

(3) $y=(c_1+c_2x)e^{-x}+\frac{5}{2}x^2e^{-x}$；(4) $y=\frac{1}{16}e^{-2x}+(c_1x+c_2)e^{2x}$；

(5) $y=c_1e^x+c_2e^{-x}-2\sin x$；(6) $y=e^x(c_1\cos 2x+c_2\sin 2x)+\frac{1}{17}\cos 2x-\frac{4}{17}\sin 2x$.

3. (1) $y=\frac{7}{2}e^{2x}-5e^x+\frac{5}{2}$；(2) $y=e^x-e^{-x}+(x^2-x)e^x$.

总习题 7

一、(1)B；(2)B；(3)C；(4)C；(5)B；(6)A；(7)B；(8)B；(9)D；(10)C；

(11)C;(12)B;(13)A;(14)A.

二、(1)二阶； (2) $y=\frac{1}{24}x^4+\frac{1}{3}c_1x^2+c_2x+c_3$； (3) $y=ce^{-x}$；

(4) $y=-\sin x+c_1x+c_2$； (5) $y=c_1e^{-2x}+c_2$； (6) $y^*=x^2(Ax+B)e^{-x}$.

三、(1) $y=ce^{\sqrt{1-x^2}}$； (2) $\ln^2x+\ln^2y=c$； (3) $\frac{1+y^2}{1-x^2}=c$；

(4) $\sin\frac{y}{x}=cx$； (5) $2y^3+3y^2-2x^3-3x^2=5$； (6) $y=e^{\tan\frac{x}{2}}$；

(7) $y^2=x^2(\ln x^2+1)$； (8) $e^y=\frac{1}{2}e^{2x}+\frac{1}{2}$.

四、(1) $y=(x+c)+(x+1)^2$； (2) $y=e^{-x}(x+c)$； (3) $y=ce^{\frac{3}{2}x^2}-\frac{2}{3}$；

(4) $y=x^2\left(c-\frac{1}{3}\cos3x\right)$； (5) $y=x^2(e^x-e)$； (6) $y=3-\frac{3}{x}$；

(7) $y=\frac{x}{\cos x}$； (8) $y=(x-2)^3-(x-2)$.

五、(1) $y=\frac{1}{4}e^{2x}+c_1x+c_2$； (2) $y=x\arctan x-\frac{1}{2}\ln(1+x^2)+c_1x+c_2$；

(3) $y=c_1\ln x+c_2$； (4) $y=c_1e^x+c_2x+c_3$；

(5) $2y^{\frac{1}{4}}=x+2$； (6) $y=\frac{3}{2}(\arcsin x)^2$.

六、(1) $y=(c_1+c_2x)e^{2x}$； (2) $y=e^{2x}(c_1\cos3x+c_2\sin3x)$；

(3) $y=c_1+c_2e^{5x}$； (4) $y=c_1e^{-x}+c_2e^{11x}$；

(5) $y=2xe^{3x}$； (6) $y=3e^{-x}-2e^{-2x}$；

(7) $y=2\cos5x+3\sin5x$； (8) $y=3e^{-2x}\sin5x$.

七、(1) $y=(c_1\cos2x+c_2\sin2x)e^{3x}+\frac{14}{13}$； (2) $y=c_1e^{3x}+c_2e^{-x}-\frac{2}{3}x+\frac{1}{9}$；

(3) $y=c_1e^x+c_2e^{-2x}+\frac{2}{3}xe^x$； (4) $y=c_1e^x+c_2e^{-x}-2\sin x$；

(5) $y=e^{-2x}+e^{2x}-1$； (6) $y=e^x$；

(7) $y=\frac{7}{2}e^{2x}-5e^x+\frac{5}{2}$； (8) $y=e^x-e^{-x}+(x^2-x)e^x$.

第1～7章　模拟试卷(一)答案

一、填空题

1. $\{x|x<1\}$.　2. 0.　3. $k=\frac{1}{2}$.　4. 1.　5. 单调减少.

二、选择题

1. D.　2. B.　3. B.　4. A.　5. C.

三、计算题

1.求下列极限.

(1) $\frac{2^{30} \cdot 3^{20}}{5^{50}}$;(2) e^5 ;(3) $\frac{1}{2}$.

2.求下列导数

(1) $y' = 2e^{2x}\sin x + e^{2x}\cos x + 2(x+1)$;

(2) $y' = \frac{x-y}{x+y}$.

四、综合题

1. $f(0) = k = 1$.

2.求下列不定积分.

(1) $\frac{1}{2}\arctan^2 x + c$;

(2) $x\ln(1+x^2) - 2(x - \arctan x) + c$;

3. ln5 .

4. $\frac{4}{3}$.

第1~7章　模拟试卷(二)答案

一、填空题

1. (2,5) .　2. $\sqrt{2+\cos^2 x}$.　3. 1 .　4. $\cos x$.　5. $\frac{1}{5}$.　6. 0.

二、单选题

1.C　2.A　3.B　4.A　5.B　6.B

三、解答题

1.0.　2. e^2 .　3. $\frac{1}{4}$.　4. $y' = \frac{e^y}{(1 - xe^y)}$.

6. $(x^2+3)\sin x + 2x\cos x + C$.　7. $\frac{2}{3}$.　8. 2 .

第1~7章　模拟试卷(三)答案

一、单选题

1.B　2.A　3.D　4.A　5.A　6.B　7.B　8.B　9.D　10.B

二、填空题

1. $9x + 17$.　2. 2 .　3. 1 ,2.　4. $\frac{1}{2(1+x)\sqrt{x}}$.　5. sin1 .

三、解答题

1.1.　2. $n! + e^x$.　3. $x^2\sin x + 2x\cos x + C$.　4. 10 .　5. 2 .